문제해결과 창의성개발을 위한

Engineering Philosophy

공학철학

김영호 저

Y.H.KIM Eng. & Mfg. Int.
Consultant, Representative
(전 KAIST 공학철학, 행복론 대우교수)

A-JIN
도서출판 아진

"내가 가는 길을 그가 아시나니 그가 나를 단련하신 후에는 내가 순금 같이 되어 나오리라 (욥23 : 10)"

저자의 친필 좌우명:

진인사대천명 (盡人事待天命, Do your best and leave the rest to God.)
'인간으로서 할 수 있는 마지막 단계까지 실행했으나, 그 해답을 구하지 못할 때는 신(神)에게 맡겨 그 해답을 구하도록 한다.' 라는 능동적 메시지.
비전과 TARGET을 정복하기 위해서는 이 단계까지 실행해야 한다고 본다.

내가 가는 길에 힘이 된

부모님과 사랑하는 아내, 김영숙과

나의 분신 두 딸, 혜윤과 수정 내외에게

1. 저자 김영호 교수가 공학인 에게 주는 선서

(공학인의 행복을 위한 기도)

- 철학적/윤리적 판단기준을 마음에 새기며, 그것을 비춰볼 거울을 만들게 하소서.
- 원칙을 준수하며 양심적/신념적 Leadership을 발휘케 하소서.
- 안전문화/정책을 입안, 실행토록 하여 모두를 위험에서 벗어나게 하소서.
- 상호간의 의사소통을 할 수 있게 하여, 정도를 걷게 하소서.
- 역경에서 강인함을 보이며 설득력 있는 구성원들이 되게 하소서.
- 불의에 대하여 비판할 수 있게 하여, 구성원들이 변화를 추구하게 하소서.
- 용기 있는 자가 되어 구성원 모두가 지혜로운 길을 택하게 하여 주어서.
- 인간존중과 지구촌 보호에 역점을 두는 지도자가 되게 하소서.
- 창의력 바탕 위에 성장하며 인류에 공헌할 수 있는 의사결정권자가 되게 하소서.

II. 저자 김영호 교수가 정의한 공학철학과 공학윤리

공학철학 정의:

공학과정의 활동을 철학적/윤리적 바탕에서 의사 결정할 수 있게 함으로써, 공학적 재해를 최소화 할 수 있게 하고, 공학과정의 활동에서 어떤 선택을 하는 것이 Human Error를 최소화할 수 있는지 논증하고 설득하는 학문이다.

(저자 김영호 KAIST 인문사회과학과 대우교수 공학철학 교과목 강의에서 정의)

공학철학이 있는 공학자들은 이 학문을 통해서 의사결정권자들로 하여금 자율성을 높이고 양심과 신념 있는 판단과 의사결정을 할 수 있도록 소신을 펴나갈 수 있게 하여 인류에 공헌하도록 유도한다.

공학윤리 정의:

공학철학 과정을 통하여 유도된 결론을 공학활동에 적용 실행할 때 양심에 바탕 하여 신념 있는 판단을 내려 실천하는 용기 있는 행동이며, 사회와 연관 짓는 공학결론의 활동을 철학적/윤리적 판단 기준에 의거하여 의사 결정, 실행할 수 있게 함으로써 판단오류에 의한 공학적 재해를 최소화하고 부정적 요소들을 정의롭게 제거하는 학문이다.

(저자 김영호 KAIST 인문사회과학과 대우교수 "공학철학" 교과목 강의에서 정의)

공학윤리에 바탕 한 의사결정권자의 판단과 실행은 국가, 사회, 인류를 재해로부터 보호할 수 있는 공헌을 하게 된다.

III. 저자 김영호 교수가 전하는 공학인의 의사결정

의사결정권자들은 공학철학과 공학윤리를 바탕으로 하여 심사 숙고한 과정을 거쳐 의사결정을 해야 하는데, 아래에 언급한 철학적/윤리적 판단기준 6가지를 바탕 으로 하여 의사 결정을 해야 한다.

즉, 판단기준 6가지는:

- 철학적 마인드 (Keeping philosopic mind)
- 윤리적 행동 (Ethical action)
- 신념 있는 행동 (Action in beliefs)
- 정직/양심 있는 행동 (Honest/Conscientious action)
- 용기 있는 주장과 설득 (Emphasizing and persuading courage)
- 인류에 공헌 여부이다. (Contribution to human beings)

공학철학과 공학윤리에 위배되는 사항에 대하여는 그 어떠한 경우에든 실행해서는 안되며, 운영 매뉴얼에 명기된 사항들을 여과 없이 실행하도록 해야 한다.

•들어가기

저자는 40여 년간 국내. 외 세계적 규모의 대단위 화학공장에서 공학과 기술, 설계와 건설, 그리고 안전과 환경을 책임지는 Manager 및 Eng. & Mfg. International Consultant로서 공장건설, 시운전, 성능보장, 생산정상화, 생산공정 개선, 원단위절감 시스템개량, 공정효율증대 개선설계, 공정설계기술관리, 생산성향상 기술관리, 프로젝트관리, 공정안전위험성평가, 공정사고 조사 등의 전문적 업무를 수행 해 왔다.

특히, 한. 미 합작회사인 제4비료공장(진해화학)과 제7비료공장(남해화학)에서 공장건설, 생산공정개량, 공정개량기술설계, 프로젝트사업추진, 공정안전위험성평가, 공정사고조사 등의 기술관리 업무를 추진하는 요직 부서들을 모두 거치면서 부서장의 실무업무를 폭 넓고 깊게 그리고 정확하고 세밀하게 추진할 기회를 가졌었다.

저자는 대단위 화학공장의 제반 실무업무를 담당 해 오면서 특히 화학공장 전반에 걸쳐 발생하는 문제점들에 대해 그 근본적 원인(Root Cause or Contributing Cause)들은 어디서 왔으며 무엇이고, 그 총체적 해결책 (Total Solution)들은 무엇을 어떻게 해야 하는지 이론에 바탕 하여 연구하고 검토하여 왔다. 이렇게 이론에 기초한 다양한 실무경험 (Hands-on Experience)들을 익힐 수 있게 된 것이 국. 내외에서 Technical Consulting을 할 수 있는 능력을 얻게 되는 기회가 되었다.

이에 바탕 하여 전문서적; 화학공장의 건설과 관리 (제4판 2004년)와 화학공장의 응용설계와 건설(제3판 2015년)을 집필하여 후학들에게 실질적인 공장설계, 공장건설, 생산기술, 프로젝트 사업추진, 공정안전설계, 공정안전위험성평가, 공정사고조사 등의 각 부문에 대하여 그들의 잠재력과 능력을 향상시킬 수 있도록 하였으며, Engineering 대학원에서 깊은 관심을 가지고 학생들을 지도 해 왔다.

그리고 산. 학계의 공정안전설계 및 기술, Engineering의 제반 설계능력을 부여하기 위해, 산. 학계에 Technical & Engineering Consulting과 특강을 통해서 그 실질적 (practical)내용들을 접목시켜 왔다.

저자는 이들 추진 과정에서 •대만의 Formosa Group, Nan Ya Chemical Corp. •인도의 OSWAL Chemical & Fertilizers Corp. •인도의 GNVFC Fertilizers Co. Ltd. •DuPont (Korea) Inc. 등을 위한 Technical Consulting업무를 수행하는 과정에서 Global Management를 통해 다양한 실질적 공학 기술 문제점들을 파악하고 해결 해 왔다.

이러한 감각 속에 이론을 바탕으로 한 다양한 Hands-on Experience을 산. 학계에 접목시켜 후학들의 학구능력향상에 공헌해야겠다는 마음을 갖게 되었다.

그간 저자는 후학들과 공학 기술자들에게 Science와 Technology를 Humanism 에 바탕 한 Engineering으로 승화시켜 그 실행과정에서 얻은 실질적 실행 결과들을 국가, 사회, 인류에 공헌해야 한다는 기본 철학에 입각하여 그들을 지도 해 왔다.

저자는 오랜 세월 동안 위에서 언급한 분야의 산업현장에서 실무와 Consulting 업무를 담당 해 오면서 수 많은 다양한 사고(Incidents)들과 조우한 바 있다.

이들 다양한 사고들은 원초적으로 휴먼에러 (Human Errors, 人災)에 기인한다는 것을 발견하고는 이에 집중하여 직접원인(Direct Cause)와 간접원인(Root Cause or Contributing Cause)들을 분석하고 문제점해결에 역점을 두고 생각 해 왔다.

특히, 이들 각종의 다양한 사고들은 인명피해와 자산손실, 그리고 자연 생태계에 상상을 초월하는 피해를 입히게 된다는 사실을 인지하면서 공학응용설계, 공장건설, 및 공장 제반 안전관리에 공학철학과 공학윤리학이 왜 도입되어야 하는지를 오랜 세월 동안 깊이 생각하며 연구 해 왔다.

현대산업체는 과학, 기술에 바탕 한 공학분야에 기반을 두어 복잡다양하고 위험한 공정시설을 통하여 헤아릴 수 없을 정도의 다양한 제품들을 생산하며 향상시켜 나가고 있다.

이 총체적 공학 운영관리 측면의 과정인 공학개념, 공정 및 공장 기본/상세설계, 공정응용설계, 공장건설, 시운전관리, 성능보장관리, 생산정상화, 공정개선, 기술 및 Project관리, R&D, Research관리, 공정안전 및 환경관리 분야 등에서 휴먼에러 (Human Errors, 人災)를 초래할 경우에 국가, 사회, 그리고 지구촌인류에 미치는 영향은 상상을 초월 하게 된다.

제반 철학적/윤리적 소양의 결여와 공학응용설계의 빈곤 및 도덕적으로 결여된 소양을 갖게 되어 의사결정의 오판으로 공학적이고 윤리적인 휴먼에러의 결과를 불러 올 경우에 수 많은 인명피해와 자산손실 그리고 생태계를 파멸시키게 되고 대재앙을 불러 오게 된다.

따라서 이들 인명피해와 자산손실, 그리고 생태계 파괴를 예방하고 그들로 하여금 국가, 사회 및 인류에 공헌하게 하기 위해서 대학/대학원 및 산업체들을 총체적으로 운영하고 이끌어 갈 교육자, 경영자, 교수와 학생, 그리고 임직원 관리자들에게 공학철학이란 학문을 필수과목으로 이수시켜야 된다고 생각했다.

첨언하여, 앞으로 지속적으로 발생하게 될 제반 사고(Incident)들을 미연에 예방하고 그 피해를 최소화 하여 국가, 사회, 인류에 공헌하게 하기 위해서 공학철학이란 저서를 집필하게 되었고, 휴먼에러를 최소화시키기 위한 철학적 윤리적 사고의 도덕적 개념을 철저히 인식시키고 도입시키는데 집필의 궁극적 목적을 두었다.

2016년 새해 첫날 꿈과 소망이 잉태되는 뜻 깊은 날, 첼시빌 서재에서……

저자 김영호(金榮鎬) 드림
yhkim1116@hotmail.com
http://blog.daum.net/greenishk

목 차

1장 공학철학 개요

1. 공학철학의 이해와 응용

1.1. 공학철학의 이해

공학은 과학과 기술에 인간의 지성과 감성, 그리고 예술과 인본주의(Humanism)의 인간애(Humanity)를 총동원하여 조화를 이룬 종합학문이며, 철학은 지혜에 대한 사랑이다.
여기서 철학은 아는 지식(앎)과 도덕적 생활의 올바름(善)과 사물의 됨됨이가 기쁨과 만족함을 주는 아름다움(美), 이들 3가지를 관계를 지어 공학에 이르러서는 편리하고 알맞게, 그리고 어울리게 하여 하나로 만드는 조화로움의 통일된 통합이다.
공학 철학은:

- 지식 (앎)에 있어서는 정직한 바탕 위에 폭넓고, 깊이 있게, 그리고 정확하고 세밀하게, 총체적으로 알아야 하고, 지식을 확장 해 나가는 과정에서는 전체 과정을 중시하며 그 어느 과정도 누락 시키거나 생략해서는 안된다.
- 올바름 선(善)에 있어서는 사랑을 바탕으로 올바른 정신과 행동을 지속적으로 변함없이 실행 실천해야 한다.
- 아름다움 미(美)에 있어서는 인본주의 인간애에 바탕 하여 판단하고 진화 하여 아름다움을 창조 해 낼 수 있도록 해야 한다.

이들 지식과 선과 아름다움, 그리고 여기에 인본주의 인간애를 함축하여 이들 4가지를 서로 조화를 이뤄 통일된 통합을 이끌어 내는 것이 공학철학이다.
따라서, 공학철학은 Vision과 Target을 정의롭고 올바르게 정복하는데 원동력이 되며, 진인사대천명까지의 영역에 접근하는 학문추구와 추진하는 일들의 정의로운 목적달성을 위한 근본 초석이 된다.
결론적으로, 공학철학은 학문추구와 공학활동을 정의롭게 발전 진화시켜 나가는 중에 인간의 본성, 즉 인본주의 인간애에 바탕 하여 총체적 휴먼 에러(Human Errors)와 재해를 예방하고 최소화 함으로써 인류에 사랑과 행복을 찾아 보호 해 주고, 궁극적으로는 인류에 공헌하고자 하는 것이 최종 목적인 학문이다.

1.2. 공학철학의 응용 : 공학 현장에서의 공장철학(Plant Philosophy in the fields of Engineering)

모든 학문이 그렇듯이 우리들은 교육을 통해서 학문에 돌입하게 된다. 학문을 하는 과정 중에 우리들은 철학(Philosophy)이라고 하는 마음의 경작지에 이르게 된다. 이러한 마음의 경작지에 뿌리 있는 기술과 공학을 가꿔 나가야 하며 철학을 바탕으로 키워내야 한다. 특히 과거에서 현재에 이르기 까지 지상에서 나타났거나 나타나고 있는 여러 종류의 대형 사고나 재해들은 각층의 실무자나 의사결정권자 들의 철학이 결여된 데에 기인되고 있다. 즉, 이들은 성장하는 과정 중에 철학의 개념을 뿌리내리지 못한 결과이다. 따라서 이러한 주위 여건들을 명심하고 우리 엔지니어들은 공장의 기본설계 및 상세설계, 그리고 공장건설에 앞서 공장의 공정안전과 연관된 제반 사항들과 공장철학에 대하여 초기에 자세히 배우고 이해하고 종합 안전설계 및 공장건설 시 의사결정에 이를 기반으로 해야 한다. 여기에서 공장실태를 보면 무미건조하게 메마른 회색지대의 공장생활에서도 피어나는 꽃이 있음을 깨닫게 된다. 그것은 다름 아닌 『공장철학이란 마음속의 꽃』 이다. 향기는 말할 것도 없고 그 심원함이란 필설로 다할 수 없는 그러한 경지에서 피어나는 꽃이다. 이 꽃을 철학이라는 마음에 담아 아름답게 피워 낼 때 공장의 생산제품들은 정성이 깃든 완제품으로 가꿔져 적기에 세계무대로 판로를 개척 해 나갈 수 있게 된다. 여기에 우선하여 생산 활동에 있어 생명의 씨앗이라고 할 수 있는 공정안전의 씨앗을 뿌리고 정성스레 가꿔 나갈 터전인 공장철학이 우리 공학 엔지니어들에겐 갖춰져 있어야 하기 때문이다.

그런데 만일 공학 엔지니어들이 공장 안전설계 및 건설, 그리고 안전생산 활동에 있어 그 나름대로 공장철학에 대하여 올바로 정립이 안 되어 있을 때 나타나는 결과는 인간의 실수(Human errors)라고 하는 카테고리에 빠져들어 상상을 초월하는 인재(人災; Man-made disasters)를 낳게 된다는 사실을 인식해야 한다. 공장철학의 기반은 사랑 속에 상대를 배려하는 마음에서 출발해야 한다고 본다. 이와 같은 공장철학에 마음을 심고 무결점(Zero-defect)에 기반을 둔 완벽한 설계(Perfect design)를 수행함으로써 우리 공학 엔지니어 들은 사고로부터 해방된 공장과 주변마을, 그리고 지역사회와 사회. 국가를 이룩해 나가는 데에 공헌 할 수 있다고 본다. 이렇게 할 때에 삶의 핵(核)인 가정 행복의 근원이 되며, 지속적인 산업발전을 유도하게 되고, 발전해 나가는 안전한 사회 국가를 조성 할 수가 있게 된다. 여기서 공장철학에 대하여 다음과 같이 요약해 보기로 한다.

즉, 공장철학은:

첫째, 자연과학측면에서는 비록 1%에 해당되는 사람들의 판단이 옳다고 하면 그 1% 판단을 따라야 하며, 이와 같은 과학측면의 안건들에 대하여는 과반수 찬성으로 의사결정을 해서는 안 된다는 사실을 명심하고 안전설계 및 건설 업무에 임하도록 한다.

둘째, 정상 절차상에 있어 어느 과정을 생략하거나 무시할 경우에는 그 결과는 대형 사고를 불러 온다는 사실을 마음속에 항상 새기도록 한다. 즉, 과정을 일부 생략하면 생략된 부분은 다른 과정에 편중되고, 이 편중된 과정은 과부하 현상이 초래되어 끝내 지속성을 상실하게 되며 시간이 흐른 뒤 사고를 유발 시킨다는 진리를 마음 깊이 새기며 총체적 공정 안전설계 및 건설 업무를 실행토록 한다.

셋째, 공장은 1살짜리 아기의 지능을 가지고 있는 것과 같다는 뜻을 깊이 마음에 새기며 공장 안전설계, 건설, 그리고 생산 활동에 이를 응용하도록 한다. 특히 과열(Overheating), 진동(Vibration), 소음(Noise)등이 수반되는 장치를 안전설계 할 때 응용하도록 한다.

넷째, 보이는 시계바늘 3개와 뒷면의 수많은 톱니바퀴를 함께 볼 수 있는 눈을 가진다. 즉, Micro와 Macro의 눈으로 심사 숙고하여 의사 결정한다.

다섯째, 주관적인 사람의 눈보다는 객관적인 기계의 눈이 더 정확한 사실을 제공 해 준다는 사실을 명심한다.

여섯째, 논리적이며 입체적이고 복합적인 思考의 눈으로 살피고 분석해 낸다.

일곱 번째, 모든 事故의 원인을 분석하고 그의 근본원인(Root cause, Contributing cause)을 찾아내어 事故의 재발을 예방하도록 한다. 즉 공장에서 첫 사고가 유발될 시 원인이 발견되지 않거나, 은폐될 때 더 큰 재해가 제2의 人災로 이어진다는 공장진리를 마음에 깊이 새기고 공정안전사고(Process Safety Accidents)에 대비한다.

여덟 번째, Process 상의 길이 아니면 가지를 말아야 하며, 또한 원리, 원칙에서 벗어나는 일은 행하지 않도록 한다. 이의 모순점들에 대하여는 관계 전문가들로 구성된 팀에서 상호 기술검토 후에 안전한 새 길을 찾아 실행하도록 한다.

아홉 번째, 공장을 관찰 할 때 냉정한 마음을 잃으면 주관적 사고로 흐르게 되어 재해를 부르게 된다는 사실을 인식해야 한다.

열 번째, 총체적 공장 안전설계 및 공장건설에 있어서는 자연과학 측면의 객관적 의사결정을 하도록 한다.

1.3. 공학철학의 필요성

공학철학의 필요성에 대하여는 아래와 같이 요약하기로 한다.

첫째, 과학자, 기술자, 공학자들의 순수성과 가치관을 확립하고

둘째, 공학활동에서 부정행위와 정신적 부패를 예방하고

셋째, 건전한 기업의 세력 (influence) 약화와 몰락을 예방하고

넷째, 휴먼에러 (Human Errors, 人災)에 의한 인명피해와 재해를 예방하고, 그 피해를 최소화 하며, 생태계를 보호하고

다섯째, 공학철학/공학윤리에 바탕 한 인간적 공학활동으로 인류사회에 공헌하는 것을 목적으로 한다.

2. 공학철학과 공학윤리의 정의
(저자 김영호 KAIST 인문사회과학과 대우교수 공학철학 교과목 강의에서 정의)

2.1. 공학철학 정의

공학과정의 활동을 철학적/윤리적 바탕에서 의사 결정할 수 있게 함으로써, 공학적 재해를 최소화 할 수 있게 하고, 공학활동과정에서 어떤 선택을 하는 것이 정의롭고, 부정행위와 Human Errors를 예방 최소화하며, 지식과 선과 아름다움, 그리고 여기에 인본주의 인간애를 함축하여 이들 4가지를 서로 조화를 이뤄 통일된 통합을 이끌어 내기 위해 논증하고 설득하는 학문이다.

· 공학철학 실행

공학철학이 있는 공학 인들은 이 학문을 통해서 자신과 의사결정권자들로 하여금 자율성을 높이고 양심과 신념 있는 판단과 의사결정을 할 수 있도록 소신을 펴 나갈 수 있게 하여 인류사회에 공헌할 수 있어야 한다.

2.2. 공학윤리 정의

공학철학 과정을 통하여 유도된 결론을 공학활동에 적용 실행할 때, 양심에 바탕 하여 신념 있는 판단을 내려 실천하는 용기 있는 행동이며, 사회와 연관 짓는 공학 철학 결론의 활동을 철학적/윤리적 판단 기준에 의거하여 의사 결정, 실행 할 수 있게 함으로써 판단오류에 의한 부정행위와 공학적 재해를 최소화하고 부정적 요소들을 정의롭게 제거하는 학문이다.

· 공학윤리 실행

공학윤리에 바탕 한 의사결정권자의 판단과 실행이 국가, 사회, 인류를 부정행위와 재해로부터 보호할 수 있도록 실천하여, 인류사회에 공헌할 수 있어야 하며, 또한 부정행위를 예방함으로써 건전한 기업, 부강한 국가 시회의 세력약화와 몰락을 예방할 수 있어야 하며 인류사회의 행복을 추구할 수 있어야 한다.

3. 공학철학의 궁극적 목적과 역할

3.1. 목적

과학자, 기술자, 공학자들의 순수성과 가치관을 확립하여:
부정행위와 정신적 부패를 예방하며, 정도(正道)에서 벗어난 불의(不義)를 예방하고, 상아탑과 기업의 성장발전 퇴보와 파멸을 예방한다. 또한, 건전한 기업의 세력(influence) 약화와 몰락을 예방하며, 부강한 국가사회의 위력(National Authority) 약화와 쇠퇴를 예방한다.

인재(人災, human errors) 예방을 통해:
재해, 인명 및 자원손실, 경제생산적 가치손실을 예방하며, 환경 생태계파괴를 예방한다.
공학철학/공학윤리에 바탕 하여 S.T.E.S.H.를 통해서:
인간적 Humanism 공학활동으로 인류 및 생태계를 보호하고 총체적으로 인류사회에 공헌하게 된다.

3.2. 역할

부정부패의 늪에서 공학인 들을 보호하고, 극기력을 배양(Educating Self-Control Power) 해주며, 기업의 부정적 요소들을 지양하고 지속적 성장발전을 도모하며, 창의성 개발 및 새로운 영역의 개척을 불러 일으키며, Human Errors 발생의 최소화를 유도한다.
뿐만 아니라, 안전, 보건, 환경 (Safety, Health, Environment)유지를 보장하여 기업의 지속적 성장발전을 추구하며, 국가사회의 건전성, 평안과 위력을 강화한다.
또한, 국가사회 및 인류사회의 부정행위와 재해를 예방하여 국가와 인류사회에 공헌한다.
뿐만 아니라, 국가와 사회의 안전을 추구하며, 인간본성의 사랑과 행복을 추구하는 것이다.

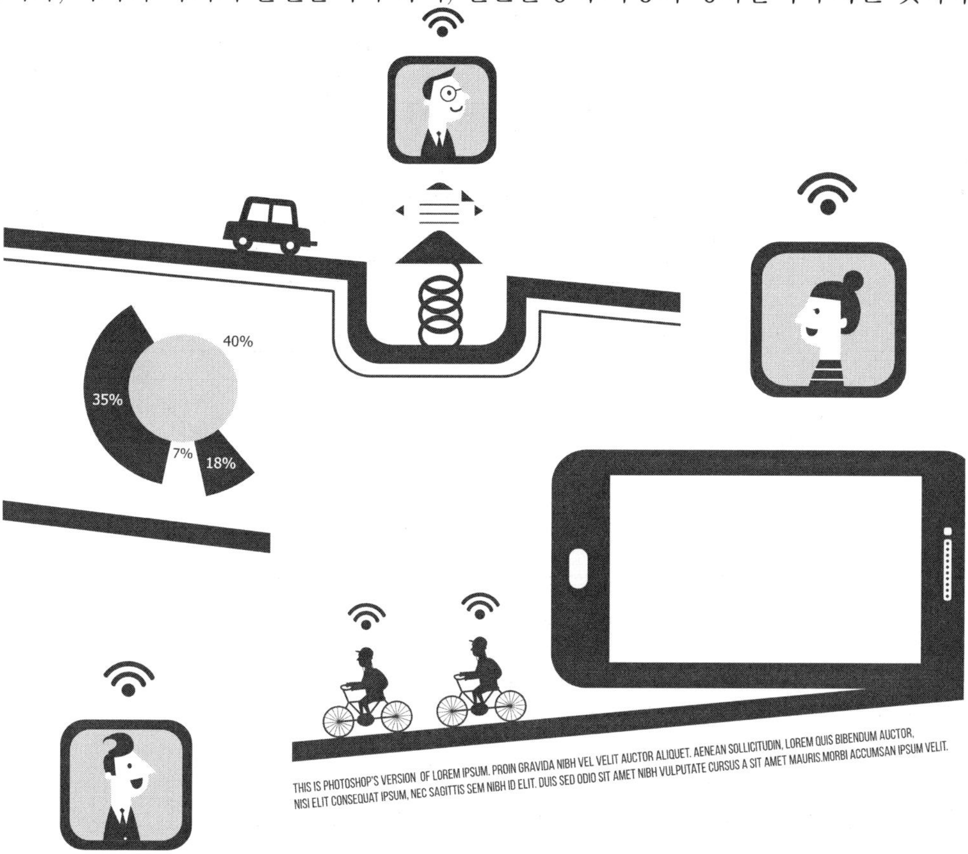

4. 불변의 구 철학 (□ □□, Eternal Spherical Philosophy) 에서의 공학철학 (Engineering Philosophy on Eternal Spherical Philosophy)

불변의 구 철학(□ □□, Eternal Spherical Philosophy) 도형

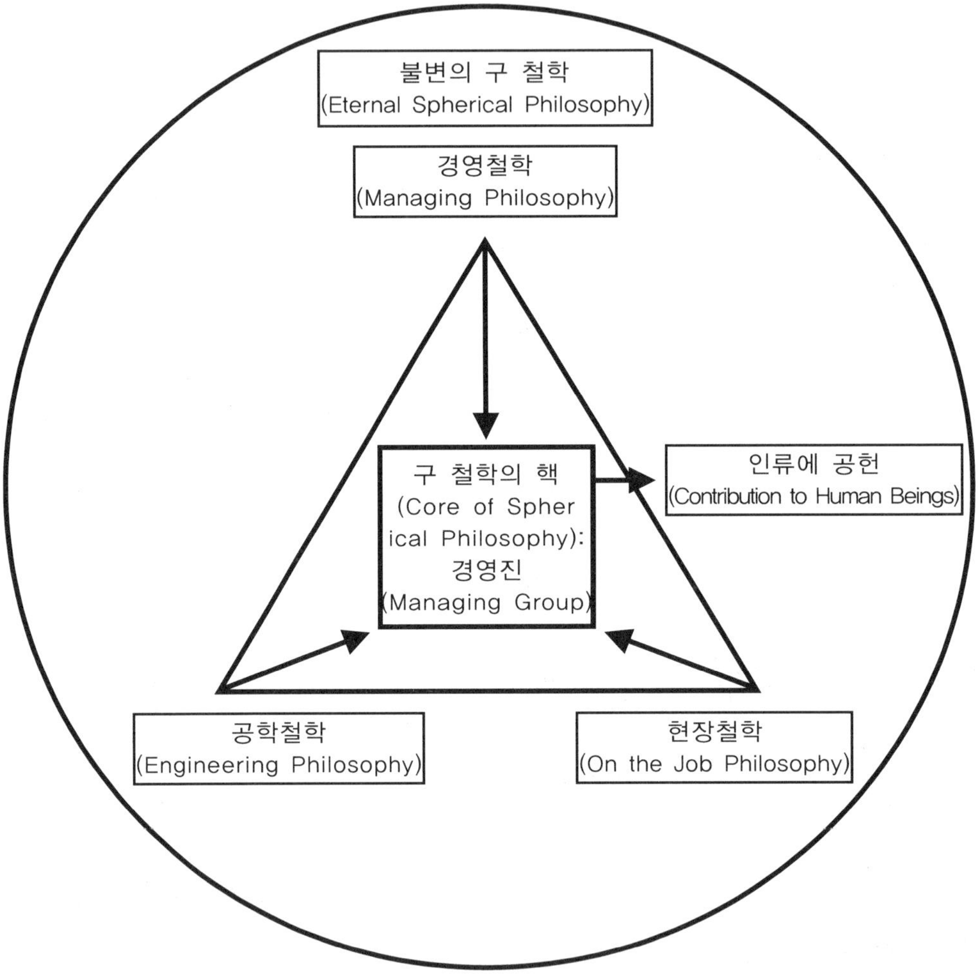

그림 1. YHK's 불변의 구 철학 도형 (Diagram of Eternal Spherical Philosophy)
(여기서 YHK는 저자의 영문이름, YoungHo Kim의 머릿글자)

4.1. 최고 경영진에게

최고 경영진에게: 불변의 구 철학(球 哲學); 운영의 결실은?

● 구 철학(球 哲學)운영 결실은: 철학/윤리 바탕 위에 피워내는 경영의 꽃:

경영철학, 공학철학, 현장철학: 통합-융합-→통섭:

•친화적 인간중심 경영

•종합예술의 창조적 경영

•애정과 사랑을 담아내는 Humanity 경영

● 경영 결실의 꽃, 사랑과 애정을 담은 Humanity 경영은:

원초적 부정/위험요소 제거-제반 사고의 예방:

•구성원 가정의 행복추구

•국가, 사회, 인류에 공헌

● 최고 경영진을 위한 기도:

- 공학기본자료와 공학철학/윤리개념 제공/설득
- 공학철학/윤리 경영방침(Policy) 수립/설득
- 공학철학/윤리 기본요소와 개념을 담아 안전문화 창출 수립, 정책화 설득
- 철학적/윤리적 바탕에서 의사 결정하도록 제안/설득
- 공학철학/윤리 경영이 왜 필수적인지를 설득
- 공학철학/윤리 문화를 왜 구축해야 하는지를 설득
- 공학철학/윤리 경영방침이 Group전반에 파급 운영되도록 제안/설득

Note: 요점 강조:

(1) 최고 경영진에게 공학기본자료와 공학철학/윤리의 개념을 제공:
경영전반에 공학철학이 반영되도록 공학철학/윤리 운영방침(Policy)을 수립, 철학적/윤리적 바탕에서 의사 결정하도록 제안/설득

(2) 최고 경영진에게 공학철학/윤리에 바탕 한 경영이 왜 필수적인지를 정보제공:
경영전반에 왜 공학철학/윤리문화를 구축해야 하는지를 개념정립 제공/설득

(3) 경영진에게 공학철학/윤리개념을 Group전반에 파급 운영토록 제안/설득

(4) 공학철학/윤리의 기본요소와 개념이 담긴 안전문화 창출 및 정책화

(5) 공학철학/윤리를 바탕 한 경영이 인간관계 문제를 해결하는 데에 Key가 된다는 것을 제안/설득, 등

4.2. 현장 전체 구성원들에게

현장 직원들에게: 공학철학/윤리를 실천한 삶의 결과는?

1) 공학철학/윤리 기본 개념: •안전문화 창출의 원동력
•전 직원 및 가족들의 행복 추구 핵심

2) 공학철학/윤리에 바탕 한 업무 수행: •불안전한 행동/조건 제거,

•부정요소 제거,
•사고원인 제거 및 예방,
•양심적 용기 있는 태도와 행동
•정의로운 업무 유도

3) 공학철학/윤리를 실천한 삶의 결과는: •학문추구의 최종 결실
부정/위험요소 제거-제반 사고의 예방: •가정의 행복추구

Note: 요점 강조:

1) 공학철학/윤리의 기본 요소 및 개념을 바탕 하는 안전문화를 창출하는 원동력을 불러 옴; 전 직원 및 가족들의 행복을 추구
2) 현장 전 직원들이 공학철학/윤리에 바탕 하여 업무 수행토록 일깨움; 불안전한 행동/조건 제거, 부정요소 제거, 사고원인 제거 및 예방
3) 현장 전 직원들이 양심적 행동과 용기를 가지고 정의로운 업무에 임하도록 권유; 부정요소 제거, 위험요소 제거, 제반 사고예방
4) 공학철학/윤리, 양심 있는 업무태도가 Group을 육성발전 시키게 되고, 그 혜택으로 가정의 행복을 추구하게 됨을 체험토록 함
5) 위험요소, 사고 없는 현장에서 생업을 할 수 있게 됨은 가정의 행복이며, 이는 공학철학/윤리, 양심, 용기를 실천한 결과임을 인식하게 됨, 등

4.3 현장철학을 가진 현장 직원들은 최고 경영진에게

신념 있는 행동으로 공학철학/윤리가 베어있는 공학과정 활동을 실행하면서 사랑과 소통 속에 안전문화를 실천, Zero Defect로 보답 함.
구성원들을 위한 진정한 사랑은 모든 문제해결의 Key임을 인식해야 한다.

4.4 불변의 球 哲學영역에서 총체적 관리 및 운영 기대효과

경영철학과 공학철학, 그리고 현장철학은 球(Sphere)의 중심에 합치되어 Harmony를 이루며 하나로 통일될 때 비로소 그 역할을 다 하게 된다.
이 3개 부문의 철학이 하나되어 목표를 향하여 갈 때 공학철학/윤리에 바탕 하여 가장 안전한 상태에 있게 된다.
따라서, 공학철학/윤리는 Group의 안전문화를 확립하여 불안전한 행동/조건, 부정요소, 위험요소 등으로부터 야기되는 사고로부터 전 구성원들을 보호할 수 있도록 정의롭게 실천케 함으로써 Group에 사랑과 애정, 그리고 대화와 소통의 꽃을 피워나가게 한다.

즉, 구 철학의 기본 개념은 공학철학과 윤리에 기반하여 공학과정을 실천함으로써 재해를 최소화하여 가정의 행복-사회·국가의 행복-→세계국가간의 행복-→인류에 공헌하는 데 있다.
공학철학을 운영하는 구성원들에게는:
공학철학과 공학윤리를 바탕 하여 Human Error에 의한 공학적 재해를 최소화 함으로써 의사결정권자들로 하여금 자율성을 높이고 양심과 신념 있는 판단과 의사결정을 할 수 있게 소신을 펴 나갈 수 있게 한다.

5. 공학철학을 통한 철학적 판단기준: YHK's 6-Philosophic Criteria Triangle Diagram on Engineering

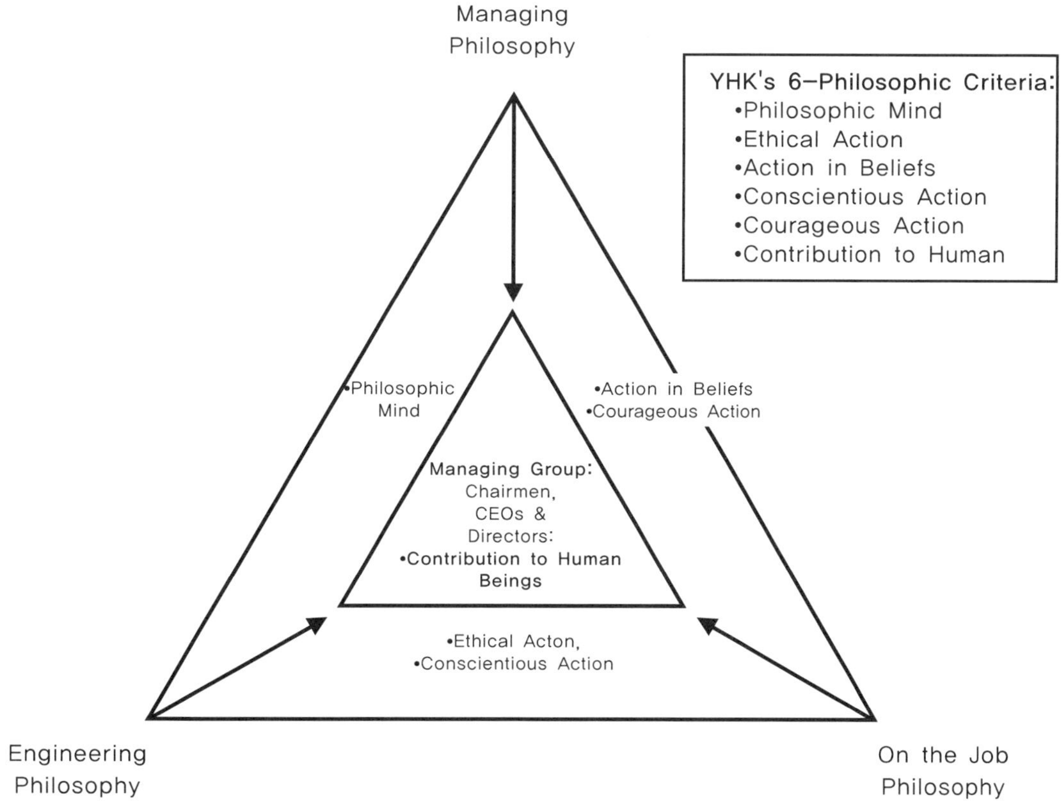

그림 2. YHK's 6-Philosophic Criteria Triangle Diagram on Engineering Philosophy.

This figure shows the relationship between the three Categories of Philosophies and the Philosophic Criteria. Inner triangle means that directing groups' members should think and act on the philosophic mind under the above-mentioned relationship in a central position. And outer triangle shows interconnected circumstances of three categories of philosophies and philosophic criteria. (Where, YHK is initial letter of Author's Name, YoungHo Kim)

6. 과학, 기술, 공학의 연계성

6.1. 과학 (Science)

이론에 바탕을 둔 자연에 대한 지식(발견): 경험적으로 얻을 수 있는 대상을 합리적인 방법으로 연구·정리하여 세워진 체계적인 학문이나 지식

•과정: 자연현상 확인/문제인식-→현상에 대한 가설설정-→실험설계/수행-가설검증-→가설선택/평가-일반화

6.2. 기술 (Technology)

과학의 지식 (발견)을 응용, 가공, 생산활동수단: 반드시 경제성 검토가 뒤따른다.

•과정: 필요, 욕구, 유용성-→설계-→생산

6.3. 공학 (Engineering)

과학과 기술에 인간의 지성과 감성, 즉 예술과 사랑과 인간애를 총 동원한 종합학문.

과학적 지식, 기술수단, 인간의 지성과 감성을 총 동원하여 가장 경제적인 방법으로 현실 사회가 요구하는 문제를 해결하는 실용적 종합학문: 정치, 경제, 역사, 철학, 물리, 화학, 수학, 역사 등 여러 분야가 포함되어 있는 학문.

S.T.S. 즉, 과학(Science), 기술(Technology)에 사회(Society)를 포함하여 그의 상호 관계를 연관 짓고, 기술이 사회에 미치는 영향을 해결하는 지식과 방법론을 가진 S.T.S.를 다루는 학문이다

여기서 기존의 S.T.S.의 바탕은 제3장 4. 에서 언급하는 공학철학에 바탕 한 교육학습모형: YHK's S.T.E.S.H. (Science, Technology, Engineering, and Society with Humanity)의 실질적 성숙단계로 진화하여 인간직으로 인류사회에 공헌해야 한다.

•과정: 기본 아이디어의 발단-→타당성검토-→설계-→건설-→시운전-→성능보장-→생산정상화-→개량/개선-→R&D-→품질향상/원가절감/실용성/효율성 증대-편리성, 인간욕구 충족-→Society, 사회에 공헌

Note: 여기서 YHK는 저자의 영문이름, YoungHo Kim의 머릿글자 임.

7. 공학철학 결여에 의한 위험요소

대표적 대단위 산업단지에서 취급하는 원료나, 중간제품, 그리고 완제품들은:

•대부분 독성이 매우 강하며.

•극도로 위험하고,

•치명적인 독극물이며,
•쉽게 인화되고,
•반응성이 예민하며,
•부식성이 강하고,
•폭발성이 강하며,
•마모성도 매우 높은 등의 특성과 성질을 가지고 있다.

2) 산업단지 내의 공장과 설비 상태는:
•이미 노후화가 되었거나,
•아직도 지속적으로 노후화가 진행 중에 있으며,
•이들 노후 된 시설이나 부품들을 적기에 모두 교체하기는 어려운 실정이며,

3) 공장 제반 관리 측면에서는:
•제반 관리에 미흡하거나 소홀한 결함을 보이고 있는 상태에 있으며,

4) 위험물질이 유출 시에는:
•환경적으로 극심한 피해 유발이 뒤 다르며,
•인명피해 및 생태계 파괴에 악영향을 초래하게 된다.

그래서 이러한 여건의 위험성에 대비하기 위해서는 공학철학에 바탕 하여, 국가와 사회, 학계, 그리고 기업을 이끌어 가는 총 책임자들은 공학인들 과 구성원들이 무엇을 어떻게 대비해야 할지를 원점에서 새롭게 검토 보완할 수 있도록 인간애, 사랑을 가지고 지원해야 한다.
이러한 위험성들을 철학적 바탕에서 간과하거나 방치하여 사고의 결과를 초래할 경우에는 가공할만한 재해를 입게 하여 인명손실과 자산손실, 그리고 생태계 파괴 등을 불러 와 인류사회의 지속적 안전에 역행하는 재앙을 초래하게 된다.
따라서, 이러한 치명적 위험성들의 여건들로부터 재앙적 사고들을 해방시키기 위해서는
공학철학이 주도하는 기본 요소들과 핵심사항들을 반드시 지키고 따라야 한다.

8. 공학철학과 안전

모든 학문이 그렇듯이 우리들은 교육을 통해서 학문에 돌입하게 된다.
학문을 하는 과정 중에 우리들은 철학(Philosophy)이라고 하는 마음의 경작지에 이르게 된다.
이러한 마음의 경작지에 뿌리 있는 기술과 공학을 가꿔 나가야 하며 철학을 바탕으로 키워 내야 한다.
특히 과거에서 현재에 이르기 까지 지상에서 나타났거나 나타나고 있는 여러 종류의 대형사고나 재해들은 각층의 실무자나 의사결정권자 들의 철학이 결여된 데에 기인되고 있다.
즉, 이들은 성장하는 과정 중에 철학의 개념을 마음 속에 뿌리내리지 못한 결과이다.
따라서 이러한 주위여건들을 명심하고 우리 공학 엔지니어들은 공장의 기본설계 및 상세설계,

그리고 공장건설에 앞서 공장의 안전과 연관된 제반 사항들과 공학철학에 대하여 초기에 자세히 배우고 이해하고 종합 안전설계(Design in perfect safety) 및 공장건설 시 의사 결정할 때 이를 기반으로 해야 한다.

여기서 공장의 실태를 보면 무미건조하게 메마른 회색지대의 공장생활에서도 피어나는 꽃이 있음을 깨닫게 된다. 그것은 다름 아닌 『공학철학이란 마음속의 꽃』이다.

향기는 말할 것도 없고 그 심원함이란 필설로 다할 수 없는 그러한 경지에서 피어나는 아름답고 생명력 있는 꽃이다.

이 꽃을 철학이라는 마음에 담아 아름답게 피워 낼 때 공장의 생산제품들은 정성이 깃든 완제품으로 가꿔져 적기에 세계무대로 판로를 개척 해 나갈 수 있게 된다.

여기에 우선하여 생산 활동에 있어 생명의 씨앗이라고 할 수 있는 안전의 씨앗을 뿌리고 정성스레 가꿔 나갈 터전인 공학철학이 우리 공학 엔지니어들에겐 갖춰져 있어야 하기 때문이다.

그런데 만일 공학 엔지니어들이 공장 안전설계 및 건설, 그리고 안전생산 활동에 있어 그 나름대로 공학철학에 대하여 올바로 정립이 안 되어 있을 때 나타나는 결과는 인간의 실수(Human errors)라고 하는 카테고리에 빠져들어 상상을 초월하는 인재(人災; Man-made disasters)를 낳게 된다는 사실을 인식해야 한다.

공학철학의 기반은 사랑으로 상대를 아끼고 배려하는 마음에서 출발해야 한다고 본다. 이와 같은 공학철학에 마음을 심고 무결점(Zero-defect)에 기반을 둔 완벽한 설계(Perfect design)를 수행함으로써 우리 공학 엔지니어 들은 사고로부터 해방된 공장과 주변마을, 그리고 지역사회와 사회 국가를 이룩해 나가는 데에 공헌 할 수 있다고 본다.

이렇게 할 때에 삶의 핵(核)인 가정 행복의 근원이 되며, 지속적인 산업발전을 유도하게 되고, 발전해 나가는 안전한 사회 국가를 조성 할 수가 있게 된다.

여기서 실질적 공학철학에 대하여 다음과 같이 요약해 보기로 한다.

첫째, 자연과학측면에서는 비록 1%에 해당되는 사람들의 판단이 옳다고 하면 그 1% 판단을 따라야 하며, 이와 같은 과학측면의 안건들에 대하여는 과반수 찬성으로 의사결정을 해서는 안 된다는 사실을 명심하고 종합 안전설계, 공학활동 그리고 건설 업무에 임하도록 한다.

둘째, 정상 절차상에 있어 어느 과정을 생략하거나 무시할 경우에는 그 결과는 대형 사고를 불러 온다는 사실을 마음속에 항상 새기도록 한다.

즉, 과정을 일부 생략하면 생략된 부분은 다른 과정에 편중되고, 이 편중된 과정은 과부하 현상이 초래되어 끝내 지속성을 상실하게 되며 시간이 흐른 뒤 사고를 유발 시킨다는 공학 진리를 마음 깊이 새기며 안전설계로 공장 건설을 하고 완벽한 성능보장을 해야 한다.

셋째, 건전한 공학활동에 의해 세워진 공장은 1살짜리 아기의 지능을 가지고 있는 것과 같다는 뜻을 깊이 마음에 새기며 공장 안전설계, 건설, 그리고 생산 활동에 이를 응용하도록 한다.

특히 과열(Overheating), 진동(Vibration), 소음(Noise)등이 수반되는 장치를 안전설계 할 때 응용하도록 한다.

넷째, 보이는 시계바늘 3개와 뒷면의 수많은 톱니바퀴를 함께 볼 수 있는 공학자의 눈을 가진다. 즉, Micro와 Macro의 눈으로 심사 숙고하여 의사결정을 한다.

다섯째, 주관적인 사람의 눈보다는 객관적인 기계의 눈이 더 정확한 사실을 제공 해 준다는 사실을 명심하도록 한다.

여섯째, 논리적이며 입체적이고 복합적인 思考의 눈으로 살피고 차원적으로 분석해 낸다.

일곱 번째, 모든 事故의 원인을 공학철학적 바탕 위에서 분석하고 그의 근본원인(Root cause)을 찾아내 事故의 재발을 예방하도록 한다.

즉 공장에서 첫 사고가 유발될 시 근본원인이 발견되지 않거나, 공학철학에 위배하여 은폐될 때 더 큰 재해가 제2의 人災로 이어진다는 공학 진리를 마음에 깊이 새기고 공학 안전사고에 대비한다.

여덟 번째, Process 상의 길이 아니면 가지를 말아야 하며, 또한 원리, 원칙에서 벗어나는 일은 행하지 않도록 한다. 이의 모순점들에 대하여는 관계 전문가들로 구성된 팀에서 상호 기술검토 후에 착안하여 언급하는 지침서의 안전한 새 길을 찾아 실행하도록 한다.

아홉 번째, 공장 상황을 관찰 할 때 냉정한 마음을 잃고 주관적 사고로 흐르게 되면 재해를 부르게 된다는 사실을 인식해야 한다.

열 번째, 공장 안전설계 및 공장건설, 그리고 생산활동에 있어서는 자연과학 측면의 공학철학 바탕 위에서 의사결정을 하고, 공학활동에 있어 과반수 이상으로 판단하는 사회과학적 측면의 의사결정은 배제하도록 한다.

위에서 언급한 내용들을 실행 실천하면서 인간의 본성, 즉 사랑과 행복을 유지시키고, 성장 발전시켜 나가게 하며, 휴먼에러(Human Errors)와 재해를 예방함으로써 인류를 보호하고 인류에 공헌하게 하는 학문이 되는 것이다.

따라서, 공학 인들은 이 공학철학의 학문을 통해서 자신과 의사결정권자들로 하여금 자율성을 높이고 양심과 신념 있는 판단과 의사결정을 할 수 있도록 소신을 펴 나갈 수 있게 하여 인류사회에 공헌할 수 있도록 해야 한다.

9. 공학응용 안전설계

9.1. 공학응용 안전설계 기본

대부분의 산업과 첨단 기술 분야에 종사하는 공학인들 이 공학철학 바탕 위에 어떻게 종합적 안전설계를 하고, 공장을 건설하여 안전한 제품의 고급화를 이루어 갈 수 있는 가는 매우 중요한 문제이다.

전체적 산업 발전을 위한 제품들을 제조 생산하는 공장들의 미래를 위해서 제반 산업의 공장들을 건설할 때에는 프로젝트 단계의 심사숙고 과정에서부터 완제품 성능보장 시험 단계까지 종합안전설계를 수행해야 한다.

종합 응용설계 시에 정밀성과 세밀성, 그리고 전체성과 통일성을 기반하여 그 추진하는 전체 과정에 안전을 최 우선으로 하여 제반 핵심고려 사항들은 필수적으로 종합 응용설계에 반영해야 한다.

종합 응용설계와 연관하여 국.내외 대단위 공장들의 건설에 참여한 실질적 경험에 비추어 볼 때, 최종 단계의 Pre-commissioning & Commissioning, Initial Startup & Performance Guarantee Test, Trouble-shooting, Production Normalization, Process de-bottlenecking, Process Upgrading & Modification등의 순차적 과정 업무를 수행하는 과정에서 경험한 설계의 정밀화, 세밀화, 그리고 종합 안전 설계와 연관된 제반 문제점 들을 보완하기 위해서 응용설계의 필요성은 절대적으로 요구된다.

일반 공장들의 종합 응용설계, 건설 및 시운전, 그리고 장기적인 생산 활동 등에서 나타난 제반 문제점들을 분석해 본 결과:

공장 종합 응용설계 시 타당성 검토에서부터 완제품 생산을 위한 성능보장 단계까지 전체 과정에 걸쳐서 이들 세부 핵심 사항들을 폭넓고 깊게 그리고 세밀하게 그 기본 조건들을 만족하지 못한 데에 기인하였다.

따라서 기본설계 및 상세설계 시에 심도 있게 전체 과정 중의 해당사항들을 종합적으로 세밀하고 폭넓게, 그리고 정확하게 검토 반영 해야 하며, 뿐만 아니라 전체 과정 중에 일부를 누락하거나 생략해서는 절대로 안되며 이들을 기반하여 전체 과정들에 대하여 단위 별로 총체적 응용설계를 해야 만이 시운전 및 성능보장을 거쳐 정상 생산활동에 도달할 수 있게 된다.

이러한 세부 조건들의 과정을 거치지 않고 설계를 하여 휴먼 에러(인간의 실수, Humanerrors)를 유발할 시에는 그와 연관된 수많은 후유증으로 다양한 사고가 발생하게 되어 인류
에 돌이킬 수 없는 재해를 입히게 된다.

공학철학의 근본을 위배한 안전응용설게의 미흡과 결합이나 허술함에 기인된 Human errors는 다양한 사고로 연계되어 수많은 인명 피해, 막대한 자산 손실, 환경오염 및 생태계 파괴 등의 원인을 제공하게 된다.

이렇게 공학철학의 근본을 헛되이 하여 Human errors를 유발시킬 경우에 회사의 존폐위기뿐만 아니라, 이웃 공동사회와 국가사회에 막대한 악영향을 초래하는 결과를 부르게 된다.

따라서, 응용설계미흡과 결함에 의한 Human errors로 발생하는 피해와 상해를 최소화하고, Human errors에 의한 제반 문제점들을 미연에 예방하고 재발을 막기 위해서 공학철학에 바탕 한 공장 응용설계는 필수조건이 되는데, 여기에는 다음 영역의 응용설계를 포함해야 한다.

즉, 공학철학의 목적과 근본을 충족시키기 위한 공학응용설계의 주요 영역은 다음과 같다.

변화예측 공학응용 안전설계

손실예방 공학응용 안전설계
설계 핵심 고려사항 이용 공학응용 안전설계
위기 시나리오 공학응용 안전설계
자연재해 대비 공학응용 안전설계
기후변화 대비 공학응용 안전설계 등

9.2. 공학응용 안전설계 핵심고려사항

공장 응용설계에 있어 위험 요소들을 원초적으로 제거하기 위해 공정안전설계를 해야 한다.
공정안전설계의 주목적은 다음과 같이 요약 할 수 있다.

- 사고 발생시의 인명피해와 자산손실을 최소화
- 환경과 생태계에 미치는 악영향을 최소화
- 생산 가동률의 제고
- 시설물 수명의 극대화
- 독극물로 인한 중대 산업재해의 예방
- 독극물로 인한 사고의 잠재 위험요소를 최소화 등

공학응용 제품 생산 시에 공정 위험요소는 독성, 화재, 폭발로 구분될 수 있으며 이들 물질이 누출되거나 취급 부주의로 사고와 연결될 때에는 작업장의 직원과 인근 주민들, 그리고 위험요소의 정도에 따라 국가. 사회에 엄청난 피해를 입히게 된다.
따라서 이러한 위험요소의 물질들을 취급하는 공정(process)에서 일어날 수 있는 중대 피해를 예방하고 최소화하기 위해 다음에 언급하는 내용들을 공정안전설계에 반영하도록 한다.

9.2.1. 공학 안전응용설계 프로젝트

공학 안전응용설계 프로젝트는 다음 단계를 거쳐 완성한다.
1) 기본 아이디어의 착상
2) 경제적인 측면과 시장성 측면에서의 예비조사 및 검토
3) 최종 설계를 위해 필요한 자료의 발굴 및 개발
4) 최종적인 경제적 평가
5) 세부적인 공학 안전응용설계
6) 구매
7) 건설
8) 시운전 및 모의운전
9) 성능보장 시험

10) 생산 개시
11) 생산정상화 및 생산증대
12) 공정개선 및 개량

그리고 폭넓은 여러 종류의 기능과 기술이 상기 프로젝트를 수행해 내는데 필요하게 되며, 또한 연구조사, 시장분석, 각 기기장치의 설계, 비용추산, 공장위치 선정조사 등도 상기 단계에 포함되어 추진하게 된다.

9.2.2. 공학응용 공정안전설계 및 프로젝트 수행시 주요 고려사항

1. 공정응용 안전설계 프로젝트의 주요 내용

설계 프로젝트의 개발은 초기 아이디어(Idea)나 또는 계획에서부터 시작되며, 초기 착상은 프로젝트의 범위를 명백히 밝히기 위해 가능한 한 분명하고 간결하게 명시해야 한다. 초기 착상은 일반적인 규격(specifications)과 적절한 실험실 자료, 또는 공학 자료들을 제공해 주어야 한다.

1) 설계 형식 (Types of designs)

설계 프로젝트를 수행하는 방법은 요구되는 정확도나 상세도에 따라 다음과 같이 분류된다.

- 예비설계, 또는 간략 견적설계(Preliminary or quick-estimate designs)
- 상세 견적 설계 (Detailed-estimate designs)
- 확정 공정 설계 (Firm process designs)

예비 설계는 기획하고 있는 공정을 사업 추진할 것인가를 결정키 위한 기초 자료로 보통 활용되는데 설계는 개략적인 공정에 기준하여 수행되며 개략적인 비용견적을 준비하게 된다. 예비 설계결과 사업추진이 타당시 되면 상세 견적 설계가 진행된다. 상세 견적 설계결과 제안된 프로젝트가 상업성이 있게 되면 최종 단계로서 확정 공정 설계를 준비하게 된다.

아울러 공장 생산설비에 대한 완성된 규격 명세서(Complete specifications)와 정확한 비용 견적서가 준비되어야 한다.

2) 타당성 조사 (Feasibility survey)

상세설계 작업을 하기 전에 제안된 공정의 기술적인 요소와 경제적인 요소들을 검토해야 한다. 특별한 제품에 대하여는 여러 가지 종류의 화학반응과 물리적인 작용이 고려되어야 하며 또한 현재와 장래의 시장성에 대하여도 특별히 고려해야 한다. 타당성 조사(Feasibility survey)를 할 때 고려해야 할 내용들은 다음과 같다.

(1) 원료(활용가능성, 양, 품질, 가격)
(2) 해당되는 열역학 및 반응공학 (평형, 수율, 속도, 최적조건)
(3) 현재 이용 가능한 시설과 장비
(4) 구매해야 할 시설과 장비
(5) 제조비(Production costs)와 총투자비의 추산 (estimation)

(6) 수익성(생산품 단위당의 예상되는 최적 수익성, 년간 수익성)
(7) 투자비 회수율(Return on investment: ROI)
(8) 건설 자재 및 재료의 안정성(Materials of construction)
(9) 공장의 안정성 고려(Safety considerations of plant)
(10) 시장성 검토(Markets)
- 현재와 미래의 수요 및 공급
- 현재의 용도와 새로운 용도
- 현재 수요자의 구매 습관
- 생산품과 부산물의 가격 변동
- 특성 (Character)
- 위치 (Location)
- 이용 가능한 고객의 수

(11) 경쟁관계 (Competition)
- 총괄 생산통계 (Overall production statistics)
- 여러 종류의 생산 공정의 비교
- 경쟁회사의 생산품 규격 (Product specification)

(12) 생산품의 특성 (Properties of products)
- 물리 화학적 성질 (Chemical and physical properties)
- 규격 명세서
- 불순물 관계 (Impurities)
- 저장성 관계 (Effects of storage)등

2. 공장 위치
- 요구되는 부지면적
- 수송시설
- 시장까지의 거리와 원료 공급원의 거리
- 서비스의 이용가능성과 전력 공급시설
- 노동력의 이용가능성
- 기후 조건
- 법적 제한 및 세금

3. 비용
- 원료
- 에너지
- 감가상각

- 기타 고정요금
- 제조과정과 제 경비
- 특별 노동력의 요구량
- 동산
- 특허권
- 환경상의 공정제어

4. 시간적인 요소
   - 프로젝트 완료 최종기한
   - 공정개발
   - 시장의 적기 공급
   - 통화 가치
5. 공정상의 고려사항
   - 기술 이용가능성
   - 다른 공정 간의 원료사용 공유 성
   - 제품의 일관성

9.2.3. 공학 공정개발 (Process development)

예비적인 타당성 조사는 다음 내용들을 필요로 한다.

- 추가적인 연구 개발
- 실험실 데이터
- 시험 생산 공장의 데이터 (Pilot- plant data)
- 정보를 얻기 위한 프로그램

공정 개발을 위한 정확한 설계 데이터를 얻기 위해서는 시험 생산공장(Pilot-plant)이나 중간 규모공장 (Semi works scale)의 운영이 바람직하다. 상기 규모의 공장 운영으로 물질 및 에너지 수지(Material and energy balances)에 관계되는 중요한 자료들을 얻을 수 있으며, 아래의 공정조건들 (Process conditions)의 데이터를 보완하기 위해 시험 운전할 수 있다.

- 온도와 압력 변화 추이
- 수율 (Yields)
- 가동률 (Rates)
- 원료와 제품의 등급 (Grades of raw materials and products)
- 간헐적 운전대 연속운전 (Batch versus continuous operation)
- 공장 건설 재료의 물질
- 운전의 특성

•기타 적합한 설계상의 변화추이

9.2.4. 공정응용 안전설계 (Safety design on process application)시 주요 고려사항

충분한 기술정보가 이용 가능하게 되면 예비설계 (Preliminary design)는 기초 타당성 조사와 연관하여 시작한다. 예비설계를 시작할 때 요구되는 규격의 제품을 생산하기 위한 제조공정을 선정해야 한다. 같은 제품을 생산하는데 이용 가능한 생산 공정과 방법은 여러 가지가 있다. 예비설계를 준비하는 첫 번째 단계로서 설계의 기준 (Bases for design)을 설정해야 한다. 다음의 항목들이 설계에 반영되어야 한다.

•제품의 규격
•원료의 이용가능성
•연간 운전 가능일수 (Expected annual operating days)
•냉각수의 온도
•이용 가능한 스팀 압력
•사용 연료
•부산물의 재이용 등

다음 단계에서는 단순화된 물질흐름 공정 (Simplified flow diagram)과 단위공정(Unit operations)를 결정하고 또한 예비 물질수지 (Preliminary material balance)를 준비한다. 다음 내용들을 검토하여 유체의 흐름과 흐름공정의 조건을 결정해야 한다.

•완성된 물질수지(Complete material balances)
•에너지 수지 (Energy balances)
•원료에 대한 지식 (Knowledge of raw material)
•제품의 규격 (Product specifications)
•제품의 수율 (Yields)
•반응 율 (Reaction rates)
•시간 주기 (Time cycles)

또한 각 공정 단계에서의 온도, 압력, 물질조성이 결정되어야 하며 각 공정 단계에서의 엔탈피(Enthalpies), 증기량, 액체, 고체, 열량 등도 나타내 주어야 한다.

기계 장치의 규격 (Equipment specifications)은 표의 형태로 요약해야 하며 최종설계 보고서에 포함시켜 주어야 한다. 이들 표에 포함해야 하는 기계 장치 류는 다음과 같다.

Columns: plates수, 운전조건 (operating conditions), column diameter, 기계장치의 재질, plate layout 등의 규격이 명시되어야 한다.

2) Vessels: size, holdup time, 기계장치의 재질, packing과 baffle의 규격을 명시해 주어야 한다.

3) Reactors: 촉매 type과 크기, bed diameter와 thickness, heat interchange 설비, cycles and

regeneration arrangements, 기기장치의 재질 등의 규격이 명시되어야 한다.

4) Heat exchangers and furnaces (열 교환기와 연소로); duty, corrected log mean-temperature difference, percent vaporized, pressure drop, 기기장치의 재질 등을 나타내 주어야 한다.

5) Pumps and compressors: type, power requirement, pressure difference, gravities, viscosities, working pressure등의 규격이 명기되어야 한다.

6) Instruments: 계기 류 기능과 특별 요구사항을 명기해 준다.

Special equipment 분류: mechanical separators, mixers, driers 등의 규격을 명기해야 한다.

마지막 단계에서는 전형적인 공정설계를 준비하는 것이 중요하다. 최종적으로 예비설계는 타당성 조사 또는 공정설계 단계에서 얻은 충분한 data가 이용 가능할 때 수행 가능하게 된다. 상세 설계는 예비 설계와 공정개발 내용을 가지고 할 수 있게 된다. 다음 내용들은 상세설계를 하기 전에 정확히 규정해야 한다.

- 제조공정 (Manufacturing process)
- 물질 및 에너지 수지 (Material and energy balances)
- 온도 및 압력범위 (Temperature and pressure ranges)
- 원료 및 제품의 규격 (Raw-material and product specifications)
- 회수율, 반응 율 및 가동 시간 사이클 (Yields, Reaction rates, and Operating time cycles)
- 기기장치 건설의 자재 (Materials of construction)
- 유틸리티 요구량 (Utilities requirements)
- 공장입지 (Plant site)
- 내진설계(耐震設計: Earthquake-proof design)를 위한 지진계수(Seismic factor)

또한 고려해야 할 사항들은 다음과 같이 요약된다.

- 공장 건물의 타입 (Types of plant buildings)
- 난방 (Heating)
- 배기 환풍 (Ventilating)
- 조명 (Lighting)
- 전력공급 (Power)
- 배수 (Drainage)
- 폐기물 처리 (Waste disposal)
- 안전 설비 (Safety facilities)
- 계기장치 (Instrumentation) 등

1) 확정 공정설계(Firm process design)는 상세견적 설계로부터 구매와 건설을 위해 준비 된다.

2) 상세 설계도면(Detailed drawings)은 특별 기계장치의 조립을 위해 만들어진다.

3) 규격명세서는 기계장치와 자재구매를 위해 준비된다. 공장배치(Pant layout) 가 작성되고, 건설에 대한 청사진과 지시내용이 진전되는데 여기에는 배관도면과 건설에 대한 상세내용이 포함된다. 또한 다음 시설에 대한 상세 명세서가 준비된다.
- 창고 (Warehouses)
- 실험실 (Laboratories)
- 경비실 (Guard-houses)
- 외곽 울타리 시설 (Fencing)
- 탈의실 (Change houses)
- 수송시설 (Transportation facilities)

9.2.5. **공정도 준비 (Preparation of flow diagrams)**

공학기술자는 다음 내용들을 보기 위해 공정도를 준비한다.
- 기계장치의 설치 순서
- 전 생산 공정에서의 각 단위공정
- 제조과정을 시각적으로 쉽게 보기 위함
- 물질과 에너지 흐름 양을 살펴보기 위해서이다.

이들 공정도는 일반적으로 다음과 같이 구분한다.
- 정성적인 공정도(Qualitative flow diagrams)
- 정량적인 공정도(Quantitative flow diagrams)
- 정성적인 것과 정량적인 것이 복합된 공정도(Combined-detail flow diagrams)

여기서 정성적인 공정도는 물질의 흐름, 단위공정, 필요한 기계장치, 운전온도와 압력에 대한 특별한 정보 등을 나타낸다. 그리고 정량적인 공정도는 공정운전에 필요한 물질의 양 (Quantities of materials)을 보여주며, 예비공정도는 설계 프로젝트의 초기단계에서 만들어진다. 결과적으로 복합된 공정도는 설계가 완료되는 단계에서 유량과 기계장치의 규격명세서에 대한 세부적인 정보자료가 이용 가능할 때 만들어진다. 또한 복합된 공정도는 공정도 한 장에 정성적인 공정도와 정량적인 공정도가 결합된 것이다. 전형적인 복합 공정도는 온도계, 압력조절기, 지시 계의 위치를 보여주며, 아주 중요한 Control valves와 특별한 계기 장치 류의 위치 등도 보여준다. 뿐만 아니라 각 기계장치가 보여지며 규정된 코드번호를 명기하게 된다.

또한 아래와 같은 실질적인 정보를 주게 된다.
- 구매에 대한 규격명세서
- 건설을 위한 규격명세서
- 조립의 형식
- 화공약품의 양과 타입 (Types)

•계산의 예

기계장치와 공정도면의 설계기호 (Symbols)는 정확히 이해해야 한다.

9.2.6. 생산공정 안전설계 시 주요 고려사항

공정 선정을 위해 검토해야 할 내용을 다음과 같이 요약할 수 있다.

1) 기술적인 요소
- •공정상의 유연성
- •연속적인 운전
- •특별한 공정 제어부문
- •상업성의 수율
- •가술 상의 난이도
- •전력 소모량
- •특별한 보조시설
- •미래의 개발 가능성
- •보건 안전상의 유해물질.

2) 원료
- •현재와 미래의 이용가능성
- •요구되는 처리공정
- •저장성 요구사항
- •원료 취급상의 문제점.

3) 폐기물과 부산물
- •생산량과
- •가공 시 상품으로서 가치
- •잠재적인 시장과 용도
- •폐기 방법
- •환경상의 양상과 견해

4) 기계 장치
- •유효성
- •구성품의 재질
- •초기 비용
- •정비비용과 설치비용
- •교체 저장 예비 품 요구량

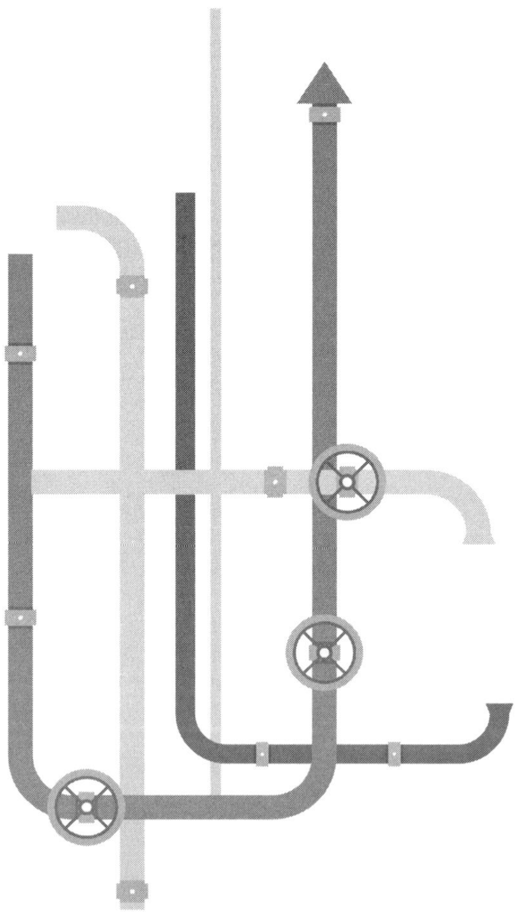

•특수 설계
•수명

9.2.7. 공정 안전설계상의 안전율 (Safety factors)

안전율은 시간이 경과됨에 따라 운전상의 성능이 저하될 수 있기 때문에 이를 보정하기 위해 초과설계(over design)를 할 때 적용하는 것이다. 그렇지만 무분별한 안전율의 과도한 적용은 설계에 많은 부담을 주어 손해를 입힐 수도 있다는 점을 고려해야 한다. 각 기기장치는 필요한 기능을 다할 수 있도록 설계해야 하며 불확실한 경우에는 알 맞는 안전율을 적용하도록 한다. 운전 중에 기기장치는 오염 (Fouling)되는 수가 있는데 이때는 효율이 떨어질 수 있기 때문에 설계에 있어 안전율을 고려해야 한다. 일반적인 설계 작업에 있어 안전율을 얼마나 적용할 것인가는 다음 여건을 고려하여 결정한다.

•경제적인 사정
•시장의 여건
•설계 데이터와 계산의 정확도
•운전 성능 상에 잠재적인 변화의 가능성
•전체 공정에서의 이용 가능한 경험적인 정보
•각 구성요소를 설계할 때 적용한 안전 제일주의를 고려한 안전율의 총합계

각각의 안전율은 현재의 조건을 기준 하여 선택해야 하며, 고려해야 할 항목들이 정확하다면
안전율은 0(zero)%에 가깝게 적용할 수 있다.

9.2.8. 안전설계 규격명세서 (Specification on safety design)

기기장치 제작자와 접촉하기 전에 기기장치의 예비 설계명세서를 준비해야 한다. 이 예비 설계명세서는 최종설계 명세서를 준비하는데 기초가 된다. 예비 설계명세서는 설계제안과 제작할 때의 요구사항을 위해서 제작자에게 보내진다. 예비 설계명세서는 다음 내용을 주요 내용으로 하여 작성한다.

•기기장치의 명칭
•기능 설명
•운전 조건 내용
•취급 물질
•기본설계 자료
•필수적인 공정제어 기능
•보온 필요 여부

•허용 오차

특별히 요구하는 사항: 예를 들면 구성품의 재질, Gaskets의 재질, 설치내용, 자재 납품 필요일자, Supports, 특수한 설계내용, 특별한 의견이나 설명내용 등이다.

특히 설계명세서 작성에 있어서는 불필요한 제한이 너무 많지 않도록 주의해야 한다.

9.2.9. **구조물의 재질** (Materials of construction)

설계할 때 기기장치나 구조물의 부식과 마모 (Corrosion and erosion)에 대하여 주의 깊게 고려해야 한다. 구조물 재질의 화학적인 내성 (Chemical resistance)과 물리적인 성질은 기기장치 선택과 설계에 중요한 요소가 된다.

구조물의 재질은 어떠한 화학물질의 부식 반응에도 내성(耐性)을 가져야만 한다. 또한 화학물질에는 내성(耐性)이 있다 할지라도 물질흐름에 따라 마모(Erosion) 현상이 나타날 수 있기 때문에 부식(Corrosion)과 마모(Erosion) 현상을 동시에 검토한다. 구조물 재질의 최종선택은 다음 내용들을 검토하여 결정하도록 한다.

•구조물의 강도
•물리적인 저항
•열적 충격(Thermal shock)
•비용
•제작상의 용이성
•정비의 필요성
•운전온도와 압력 등

적정한 재질 선택에 의문이 있을 때는 문헌을 참고로 하거나 운전조건에 맞는 실험실적 시험을 하여 자료를 얻도록 한다. 또한 시험 공장규모의 시험운전을 하여 부식 율과 마모율을 측정할 수 있고 아울러 기타 운전요소의 영향 등도 예측할 수 있다.

9.2.10. **화재와 폭발성의 위험요소** (Fire and explosion hazards)

공학 설계에 있어 독성물질 방출 외에 화재와 폭발 가능성의 문제는 철저히 다루어 억제제어 할 수 있는 방법을 설계에 반영시켜야 한다. 공장 건설 사업추진 시 설계 단계에서 이들 위험요소 억제 제어를 위한 방법을 외국 선진국의 관리규정을 참고하여 최대한의 사업비를 투자하도록 한다. 기업뿐만 아니라 사회에 미치는 영향을 무시할 수 없기 때문이다.

산업재해 예방과 안전에 관한 한 기술자는 공학철학 기반 하에 자연과학을 바탕으로 하여 사업추진과 설계에 임해야 한다. 설계는 다음에 소개하는 인정된 기관의 규격과 규정에 충족되도록 해야 한다.

•The American standards association
•American petroleum institute
•American society for testing materials
•Factory mutual laboratories
•National fire protection association
•Underwriters' laboratories

그리고 적절한 배출구(Vent)가 필요하며, spring-loaded valves와 rupture disks를 설치하여 용기와 저장탱크를 보호하도록 설계 한다.

9.2.11. 공정점검 안전시설 배려

설계 시작 단계에서 공장 직원의 보건안전에 대한 보호를 위해 일체화된 시설을 설치토록 배려해야 하며 또한 보호 대책에 최대 관심을 쏟아야 한다. 즉 다음의 시설은 합리적인 방법으로 설계하여 운전하기 용이하도록 설계해 주어야 한다.

•Protected walkway
•Platforms
•Stairs
•Work areas

설치를 할 때 물리적인 위험성을 배제할 수 없을 경우에는 안전 경계 표시를 명확히 해주어야 한다. 이러한 위험성이 있는 지역에는 탈출 수단이나 탈출구를 설계에 반영 한다. 또한 모든 기계장치는 안전설비 장치로 보호 될 수 있도록 설계한다. 그리고 의무실 시설과 응급처치 능력을 갖출 수 있도록 설계 시작 단계에서부터 최대의 관심을 배려해주도록 설계한다.

9.2.12. 안전 규정 (Safety regulations)

OSHA (The occupational safety and health administration) 규정은 모든 작업자의 안전 작업조건과 인적자원 보호를 위해 제정 되었는데 이들 자료를 안전설계에 참고하도록 한다. 또한 설계에 반영할 수 있는 보건안전에 대한 표준(Standards)으로는 다음을 참고 한다.

•Toxic hazardous substances
•Occupational noise exposure

상기 자료에는 설계에 반영할 다음 내용들이 포함된다. 독성과 발암성 물질 (Vapors, fumes, dust fibers 기타 매개체의 물질 등으로부터 원인이 되는 발암성 물질)과 Noise-level criteria등이다.

그리고 다음 자료들을 상세 설계에 응용하도록 한다.

•The national electric code
•Machinery and machinery guarding
•ASME
•ANSI

또한 공정 설계에 응용할 내용 중 환경과 안전에 대해서는 다음의 규정을 참고하여 설계에 반영토록 한다.

•Federal Register (FR)
•FR index
•Code of Federal Regulations (CFR)
•CFR general index
•Cumulative list of CFR sections Affected

9.2.13. 공장 환경

신규 사업추진을 위해 설계 시에는 환경문제를 완벽히 처리할 수 있도록 설계해야 한다. 화학공정의 안전 설계 시에는 안전 문제뿐만 아니라 환경 문제도 철저히 검토 분석한 후 환경폐기물 처리에 대한 안전 설계를 해야 한다. 환경 폐기물과 독성물질 공정 처리가 미흡하게 설계될 때에는 시운전과 동시에 공장은 더 이상 가동할 수 없게 된다. 다음의 주요 내용들을 안전설계에 반영하도록 한다.

•환경 규제치
•오염 제어 시스템
•공기오염 제거
•분진제거
•NOx와 SOx 개스 제거
•수질 오염 제거
•물리적인 처리
•화학적인 처리
•생물학적 처리
•고형 폐기물 처리
•폐기물 재이용과 화학적인 전환
•소 각
•열분해
•쓰레기 매립 처리
•열 오염 공해 제어

•소음 제어 등

9.2.14. 공장위치 선정

건설될 공장위치는 생산원가가 저렴하고 판매유통이 용이한 지역으로 선정해야 한다. 또한 공장확장부지, 공장 조업을 위한 안전한 생활 상태 그리고 주변의 지역사회 등도 고려해야 할 중요한 요소가 된다. 공장위치에 대한 일반적인 의견의 일치는 상세 견적단계 이전인 설계 프로젝트 단계에서 이루어져야 한다. 최종 위치 선정은 상세견적 설계가 완료되는 단계에서 확정돼야 한다. 최종적인 부지선정은 지역의 여러 가지 지리적인 장.단점과 이용 가능한 부동산의 장.단점 등을 완전히 조사한 후에 결정해야 한다. 공장부지 선정에 있어 검토해야 할 다음의 내용을 참고하기로 한다.

•원료의 이용가능성
•시장성
•에너지 이용가능성
•기후여건
•수송시설
•공업용수 공급여건
•폐기물 처리 관계
•노동력 공급여건
•과세(Taxation) 관계와 법적 제한여부
•부지의 특성
•홍수와 화재에 대한 안전보호
•지역사회 여건 등.

9.2.15. 공장배치 안전설계 (Safety design on plant layout)

Process flow diagrams이 완성되고 상세 배관설계와 구조설계, 그리고 전기 설계를 시작하기 전에 공장의 단위 공정과 기기장치의 배치설계를 계획한다. 공장배치 설계는 건설비와 제조비를 결정하는데 중요한 역할을 한다. 여기서 고려해야 할 내용들을 다음과 같다.

•새로운 부지의 개발 또는 미리 개발된 지역의 확장부분
•생산할 제품의 형태와 수량
•운전상의 편리성과 이용가능성
•유틸리티와 서비스의 경제적 배분
•공장 건물 타입과 건축법규 필요조건

•보건 및 안전에 고려해야 할 사항
•폐기물 처리 필요조건
•보조 기기장치
•이용 가능한 공간과 필요로 하는 공간
•도로와 철도
•미래에 확장 가능성 등

배치설계에 있어 기기장치나 시설의 최적위치를 결정하는데 Scale drawings을 이용한다. 처음에 기본 배치설계 (Elementary layouts)를 준비해야 하며, 이들 기본배치 설계는 저장부문의 공간과 운전용 기기장치 공간 사이의 중요한 관계를 보여주게 된다. 다음 단계에서는 안전한 운전의 연속성을 고려해야 하며 다음의 내용을 기초로 한 일차적인 배치설계가 준비되어야 한다.

•물질의 흐름
•단위공정
•저장
•장래의 확장

공장배치의 모든 요소들을 분석함으로써 상세한 권고 사항이 제공되며, 배관계통의 Isometric drawings (등거리도법)이 포함되는 위치도면이 준비된다.

9.2.16. 공정시스템응용 안전설계

다음의 내용들을 공정 응용설계에 반영하도록 한다.

1) 파라미터 적용을 위한 주요 Project 내용
   (1) 제품생산 공정(Manufacturing process)과 공장건설(Plant construction)
   (2) 기기장치와 공정의 수정 및 변경(System modification and revision)
   (3) 공정의 병목현상 해소 및 완화(Process de-bottlenecking)
   (4) 복합적 기기장치의 개량과 개장 (System retrofitting)
   (5) 시설개선 및 품질의 고급화 (System and process upgrading)
   (6) 전 계통의 복합적 개선 및 개량 (System improvement)
   (7) 공정 및 복합기기장치의 자동화 (System automation)
2) 주요 응용 파라미터(Parameter)
   (1) Physical and chemical properties
   (2) Toxicological information
   (3) Stability and reactivity
   (4) Impurities
   (5) Technical information of MSDS and CSDS

(6) Static electricity
(7) Corrosion resistance / allowance
(8) Safety allowance
(9) On-stream factor of process plants
(10) Hazards identification
(11) Side reaction and by-products
(12) Ecological information
(13) Thermal decomposition
(14) Waste disposal
(15) Technical info. for transportation
(16) Regulatory information
(17) Erosion resistance/allowance

9.2.17. 공정응용 안전설계에 반영해야 할 MSDS와 CSDS의 주요자료

(MSDS: Material Safety Data Sheet and CSDS: Chemical Safety Data Sheet)
화학산업의 공장에서 생산, 취급하는 물질들은 MSDS와 CSDS의 아래 자료들을 응용하여 설계에 반영해야 한다. 독성, 안정성, 처리방법 등을 정확히 이해하고 응용하여 설계에 반영토록 한다. (인화성 물질, 폭발성 물질, 자연발화성 물질, 독극성 물질 등)

1) Chemical products & company identification
2) Hazards identification
3) Composition/information on ingredients
4) First aid measures
5) Firefighting measures
6) Accidental release measure
7) Handling and storage
8) Toxicology information
9) Exposure controls/personal protection
10) Ecological information
11) Physical & chemical properties
12) Stability and reactivity
13) Disposal information
14) Transportation information
15) Regulatory information

16) Other information

9.2.18. 공정 위험요소 평가에 대한 시스템의 안전설계

공정의 주요 위험요소에는 독성, 화재, 폭발, 복사열, 소음, 유해 가스 질식, 기타 여러 형태의 환경 문제 등이 있다. 다음 부문의 공정 설계를 한 후에는 반드시 공정 위험요소 평가(Process hazard assessment)를 하여 설계의 미비한 점들을 모두 보완하는 단계를 거치도록 하고 공정안전관리(Process Safety Management: PSM) 내용상의 항목들을 공정 시스템 설계에 반영하도록 한다.

1) 주요공정 위험요소 평가
 (1) 새로운 공정의 모든 공장
 (2) 기존 공장의 공정 수정
 (3) 공정 계통의 안전과 환경오염이 예상될 때
  •Process dead zone
  •System mothballing
  •Process system cleaning; waste handling/treatment/recovery
 (4) Parameter 적용을 위한 주요사업을 추진할 때
2) 공정 위험요소 발굴작업의 주요 검토내용
 •공정별 화학반응 •유해물질 생성반응 •일반 화학반응
 •부산물 합성반응 •유기합성 반응 •기기장치 설치내용
 •Specification •PFD, P&ID •설계조건 등

9.2.19. 유독물 제품수송에 따른 운송수단의 안전설계

화학공장의 생산품들은 대부분 유독물질로서 수송과정 중에 사고가 발생할 때 주위에 환경오염, 생태계 파괴, 인명피해, 자산손실 등의 엄청난 피해를 입히게 되고 사회에 물의를 일으키게 된다. 이와 같은 사고로 부토 피해를 최소화하기 위해 수송수단의 설계는 다음의 주요 파라미터를 응용하여 설계한다.

1) 유독물질 수송 과정 중 사고 발생시:
 •주위에 환경오염 유발
 •생태계 파괴
 •자산손실 초래
 •인명 및 사회에 피해유발 등
2) 피해 최소화를 위한 수송수단의 설계:

•주요 Parameter: 응용설계
•선진국의 설계 Code 참고 응용

3) 주요 설계응용 Parameter:
•Physical and chemical properties
•Stability and reactivity
•Toxicological information
•Static electricity
•Shock proof
•Manhole/drain hole; bolting /sealing
•MSDS/CSDS 상에 명기된 공학자료 등

9.2.20. SRI(Stanford Research Institute)자료를 이용한 응용설계

SRI의 자료에는 새로운 화학제품과 이를 생산하기 위한 화학공정(Chemical Process)전반에 대한 제반 설명과 다양한 자료가 아래의 분야에 자세히 기술되어 있으며, 또한 SRI자료는 계속 Up-to-date하여 발간된다. 그리고 기업에서 새로운 화학공정을 도입하거나 R&D 분야의 업무를 추진하는 과정 중에 대두되는 타당성 검토(Feasibility Study)와 Licensor선정의 평가(Process Evaluation for Licensor Selection)를 위해 필요한 자료들을 찾아 볼 수 있다. 또한 경제성 검토(Economics Study)를 위해 필수적으로 요구되는 원 단위(原 單位: Unit Consumption of Materials and Utilities)와 원가분석(原價分析; Cost Analysis)에 필요한 자료 등이 자세히 제시되어 있다.

SRI : Stanford Research Institute
CEH : The Chemical Economics Handbook
PEP : The Process Economics Program
WP : World Petrochemicals
DCP : The Directories of Chemical Producers
SCUP : Specialty Chemicals Update Program
CO/M : Chemical Origins and Markets
CCF/Y : Chemical Conversion Factors and Yields
Specific-Product Data Services
Chemical Industries Division News Letter

9.2.21. Scale-up 응용 안전설계

문헌에서 정확한 Data를 얻지 못하거나 과거의 경험이 적절한 설계기준에 이용 할 수 없을 때는 효율적인 기계장치의 설계를 위하여 시험공장(Pilot-plant) Test를 시도해 볼 필요가 있다. 이들 시험결과를 가지고 공장 규모 크기까지 일정비율 증가방법(Scale-up methods)을 적용하여 설계를 보완해야 한다. 그렇지만 일정비율 증가방법은 기기장치 형태에 따라 적요에 제한을 받게 되며, 실질적인 설계 변화 량을 얼마나 적용시킬 것인가를 잘 알아야 한다.

특히 열 교환기(Heat exchangers), 증류 탑(Distillation columns), 펌프 그리고 보통 일반적인 기기장치들은 시험공장 자료 없이 적절히 설계한다. 참고로 기기장치 Scale-up과 설계에 있어 반영해야 하는 내용의 요소들은 기기장치 유형(Type of equipment)에 따라 다음과 같이 검토한다.

즉 기기장치의 유형(Type of equipment)별로

- 시험공장의 운전자료가 필요한지의 여부
- 운전 설계상의 주요 변화부문 (예: 용해온도, 반응율, 평행상태, 공기습도 온도, 입자크기 증발잠열 온도, 유량, 열 교환 면적 등)
- 최대 Scale-up 비율
- 안전율과 초과설계 율(Safety factor and over design factor)

9.2.22. 공정 주요 증상 및 공정 안전관리 요소 (Process Major-Symptoms and ProcessSafety Managing Factors)

화학공장 운전에서 이러한 증상들이 종종 나타나게 되는데 설계상에 이를 해결하기 위한 보완책이 마련되어 있지 않거나 누락되었다면 위험을 예방하고 비상상태가 발생할 경우 이를 해결하기 위한 어려움은 상상하기 어려울 정도다.

본 내용들을 해결하기 위해 사전 Detail design과정에서 전문 경험을 가진 엔지니이들로 하여금 아래 사항들을 폭 넓고 깊이 있게 검토하여 설계에 반영해야 한다.

예: 1) Impurities in raw materials

2) Toxic and hazardous

3) Thermal decomposition

4) Pyrophoric

5) Fuming

6) Fume solidification

7) Carry over

8) Surge, etc

9.2.23. 철학적 교육과 훈련 (Philosophic Education and Training)

위에서 언급한 내용대로 공학 안전 설계가 아무리 완벽하게 되었다 할지라도 철학적 교육과 훈련 과정이 소홀하여 Human error가 발생된다면 모든 것은 사상누각이 되고 만다.
따라서 각 공정 별로 주워진 내용 외에 아래 내용들을 주안점으로 철학적 교육과 훈련을 시키도록 한다.

- Philosophic decision-making
- Risk-based decision-making
- Process Safety Management
- Life Cycle Management
- HAZOPS Study Management
- Process Risk Management
- Process Safety & Risk Assessment
- Process Safety Auditing Management
- Specification Management
- Quality Analysis Management
- Quality Control Management
- Accident Investigation Management
- Emergency & Contingency Planning

10. 내진설계(□□□□, Earthquake-proof design)

10.1. 연구목적과 연구방법

여기서는 지진이 발생할 때 가장 인명피해, 환경오염 및 생태계 파괴를 입히게 될 화학공장과 원자력 발전소에 대하여 언급한다.
최근 일본 후쿠시마 지역에서 발생한 대지진으로 인한 쓰나미가 원자력발전소와 대단위 화학공장의 폭발을 불러 오고, 장기적인 시간의 흐름에 따라 그 결과로 빚어지는 화학적 천재지변은 대기, 수질, 해양오염에 최악의 영향을 미치고 있다. 이로 인해 지구상의 인류와 생태계는 생명의 위협을 느끼며 살아 가게 된다. 따라서 지진대 변화 및 지각판 움직임에 따라 다가 올 지진과 쓰나미로 인해 연쇄적으로 야기되는 2차적 화학적 대재앙으로부터 인류와 생태계를 최대한 보호해야 한다.
따라서, 화학공학의 공정시스템에 지진/쓰나미의 내용을 검토 보충하는 데 연구목적이 있다. 그리고 연구방법은 화학공학의 공정시스템공학 분야에 적용 응용되고 있는 화학공정과 기기장치들의 기본 프로젝트 단계에서부터 기본, 상세설계를 거쳐, 건설, 시운전, 성능보장 및 정상화, 그리고 지속적 생산과정을 통해 System Upgrading과정까지를 살펴 보고 검토 보완 해 보기로 한다.
화학공학 공정시스템에 Process Safety (공정안전), Basic Design Concept, Consideration (기본설계개념과 고려사항)측면을 고려하여 문제점들을 찾고, 이 문제점들의 해결점들을 좀 더 구체적이고 실용적 차원에서 공정시스템공학을 보완하도록 한다.

10.2. 지진과 연계한 화학공장의 위험성 이해

모든 화학공장들은 진동과 흔들림(Vibration and Shake)에 매우 예민하며 취약하다. 그래서 화학공장의 이들 주요 회전기기(Rotating Equipment) 및 장치들은 미약한 진동과 흔들림에도 즉각적으로 제어되어 비상 정지되게 설계되어 있다.
미약한 진동과 흔들림이 있을 경우에 이들 가스 배관시설 및 기기장치 들은 쉽게 금(Crack)이 가게 되며, 그 결과 위험물과 독성가스가 누출되어 폭발이나 대기, 수질, 토양 오염 등을 초래하여 생태계를 파괴하게 된다.
특히, 이들 공장들이 취급하는 대부분의 물질들은 치명적으로 독성이 매우 강하고, 극도로 위험하며, 독극물일 뿐만 아니라, 인화성이 높고, 반응이 매우 예민하다.
폭발력이 강하고, 복합적이며, 환경적으로도 위험한 성질들을 가지고 있다.
따라서, 미약한 지진일지라도 이들 화학공장에 직접 영향을 미칠 때는 상기와 같은 현상으로 가공할만한 재해를 입게 될 뿐만 아니라, 화학공장의 위험물/독극성 물질 취급, 제조공정에 따라 인명 손실이 발생되고, 생태계는 이들 물질들로부터 파괴되어 인류공헌에 역행하는 결과를 초래하게 된다.

10.3. 공정시스템 폭발과 후유증 분석 (최근 사고 사례 중심으로)

10.3.1. 후쿠시마 원자력발전소 폭발 사고 사례분석

후쿠시마 지역의 대지진은 기반산업, 즉 제철소, 정유공장 등의 화재, 폭발을 불러 왔을 뿐만 아니라, 원전폭발로 인한 방사능물질들은 대기, 수질, 해양오염 등, 다각적으로 최악의 결과를 초래하고 있다.
이 대지진은 화학적 천재지변을 불러 왔으며 일본열도는 말할 것도 없고, 주위 인근 국가, 지구 대기, 수질 및 토양, 그리고 지구 5대양을 방사능 물질로 오염시키고 있다. 이 대지진에 대항하여 일본전문가들이 자국의 피해를 극소화 시키기 위해 지진 대재앙을 수습하는 과정에서 그들은 안전한 수습을 한다고 하지만, 기술방안제시 및 사고수습 의사결정에 한계를 보이고 있다.
이와 같은 한계는 후쿠시마 원자력 발전소가 지진/쓰나미의 원인으로 폭발한지 수년이 지났음에도 불구하고, 아직도 폭발잔해로 남은 방사능물질 피폭 오염시설물 들을 안전하게 정상화 시킬 대안은 모호할 뿐만 아니라, 발전소 내 시설물 속에 남아 있는 고농축 방사능 물질 오염폐수처리를 신속히 안전하게 처리 해 낼 수 있는 방안 또한 기대하기 어려운 실정이다.
더욱 더 원자로 밑바닥에서 고농축 방사능 물질이 흘러나와 바다를 오염 시킨 결과와
발전소 내 방사능 물질 오염 폐수를 바다로 방류한 행위로 인류와 바다 생태계에 돌이킬 수 없는 영향을 미치게 되었다.
지금도 방사능 오염물질의 확산 및 검출, 방사능 물질에 의한 토양/대기/수질의 오염, 수원지에서의 고농도 방사능 물질 검출, 방사능 물질 오염 냉각수 유출/확산, 용융 연료봉의 콘크리트 지하침투 등 방사능 물질 확산으로 인해, 사람이 살 수 없는 지역으로 지속적 피해가 늘어 가고 있는 실정이다.

1. Process Safety와 Basic Engineering of Process System의 측면에서 검토
화학공학 분야의 Process Safety Design측면과 Basic Engineering of Process System 의 측면에 기초하여, 이들 Process인 "비등형 경수로 (Boiling Water Reactor)"를 조명, 검토 해 보기로 한다.
아래의 예에서 보는 바와 같이 Basic Design의 공정개념상 도저히 이해 못할 공정들을 원자로 기본설계에 반영한 사실들을 알게 된다.
그 예로서,
1) 제어봉 Control System을 원자로 밑 부분에 장착되도록 설계.
설계: 자연재해나 Human Error로 정전이 될 때, 제어봉을 원자로 내부로 밀어 넣을 수 없도록 제어봉(Control Rod) Control System을 원자로 밑 부분에 장착 되도록 설계:
Motor로 구동되는 제어봉 Control System이 원자로 밑부분에 장착되도록 설계돼 있음으로, 최악 조건의 정전 시 제어봉을 연료봉(Nuclear Fuel Rod)사이로 접근시킬 수 없기 때문에 핵분열은 계속 일어나게 되고 원자로 내부 온도는 계속 급격히 상승하게 된다. 따라서 연료봉들은 녹기 시작하고 방사선 물질이 방출되는 결과를 초래하게 된다. (노심용융이 일어나는 현상초래)
2) 이번 사고의 상황대처를 만족시키지 못한 가장 큰 근본 원인은 경험에 비추어 볼 때, 전기계통과 냉각수계통의 설계 및 구조상의 집중관리가 소홀했던 것으로 판단된다.
발전소라면 그 발전소의 Utility system이 수명이 다 되어 Scrap(해체)될 때까지 심장역할을 해야 하는데, 이 중의 전기계통과 냉각수계통이 안전한 위치에 설치 돼 있지 못했으므로, 이번 사고는 이 두 가지 계통의 위치선정에 허점을 보인 것이 세계적 규모의 원전 사고의 재앙을 부르게 된 근본 원인이 되었다.
2.1) 원자력 발전소는 비상발전기(Emergency Generator)를 Stand-by와 함께 여러기를 자연재해, 특히 쓰나미에 대비하여 가장 안전한 위치에 설치 해 두고, 주기적으로 발전계통을 시험 Test 해 보며 집중 관리를 해 왔어야 했다.

2.2) 냉각수 계통의 핵심인 동력원은 Motor-driven과 Steam-driven으로 Stand-by하여 이들 여러 기를 주기적으로 교체 운전하며, 필요 시에 즉각 가동되도록 집중 예방정비관리를 해왔어야 했다.

2.3) Raw Water Pond/or Tank System들도 지진/쓰나미 대비, 해수에 오염되지 않도록 Sea level상 안전한 위치에 내진 설계하여 설치, 운영했어야 했다.

3) 원자로 노심 상단부에서 증기(Steam)가 발생하기 때문에, 이 증기를 직접 발전기터빈으로 보내는 공정설계이기에, 원자로 내에서 공정사고가 발생할 때는 발전 시스템 전 지역을 방사능 물질로 오염시키는 결과를 초래하게 되고, 폐연료봉저장수조가 원자로 윗부분 밀접한 위치에 설치되도록 설계돼 있으므로, 각 공정문제발생시에 원자로와 폐연료봉저장수조가 공정위험 요소들을 서로 주고 받을 수 있어, 사고의 범위를 증폭시킬 수 있게 설계돼 있다.

10.3.2. 우리나라 원자력 발전소 최근 사고 사례 분석

발전소 및 공장 운영관리에 있어 상기에서 언급한 바와 같이 공학철학의 접근 및 이해, 그리고 의사결정을 위한 철학적, 윤리적 판단기준 6가지는 예외 없이 적용되어 Human Error가 발생되지 않도록 해야 한다.

이 6가지 실행에 결함을 보일 때 그 후유증은 인류에 돌이킬 수 없는 영향을 미치게 된다.

1. 고리 1호기 원자력발전소 Blackout 정전사고(Power Supply Total Failure) 문제점 분석

1)일시: 2012년 2월 9일

2)발전소 운전현황: Scheduled Plant Turn Around(PTA)중

3)사고원인: KEPCO 한전 Power 전원공급중단 시 작업자 조작실수

4)정전 때 비상조치 시도: Emergency Diesel 2 Generators: 가동불능

5)사고내용: •비상디젤발전기 가동 때 Air Supply Solenoid Valve 고장
•원자로 내부 Cooling Water Supply Pumps: 작동 불능
•다른 비상발전기 1 Set: Overhaul 해체된 상태

6)원자로 내부 냉각수 온도변화: 37℃-→57℃ 급 상승

7)비상대처: •KEPCO 한전 Power(154KV): 전력연결 Power On 성공, 위기모면
•외부전원으로 원자로 냉각수 공급, 냉각 정상화

8)문제점: Emergency Power Generators 관리기법 및 운영 미흡

9)문제점 요약:

(1) Emergency Power Generators: Air Supply Solenoid Valves: P.M.불량

(2) Emergency Power Generators 성능시험 불량

(3)원전 Managers 및 직원들: 共謀해 사고은폐

(4)원전 Managers 사후대책 보고회의: 부정직성

(5)Blackout 정전사고 발생시 보고체계 마비
(6)늑장보고 (외부 타에 의한 마지 못한 보고)
(7)Daily Log Sheet 허위기록
(8) Emergency Power Generator 고장 상태에서 원전 재 가동
(9)원전 총괄관리 및 운영 기법 미흡 (원자력안전 위 감독기관 파견직원, 원전소장, Managers 에서부터 Field Operators까지)
(10)노후 된 Emergency Power Generators 사용 (34년 노후설비)
(11) 고위직 Managers: 관리 및 소양교육 미흡
(12) 총체적 위기관리 능력: 발전소 관리 철학 및 전문성결여, 정직성결여 등

Note: 정전사고 Near miss(아차 사고) 분석:

만일 원자로가 정상운전 중에 이 같은 사고가 발생했다면 어떻게 되었을까?
(1)노심용해(爐心鎔解: Core meltdown or Nuclear Reactor meltdown)초래
(2)일본 후쿠시마 원전사고와 같은 사태발생등

2. 부산 기장군 소재 원전 신고리 1호기 비상 가동중지
1)일시: 2012년 10월 2일
2)사고내용: 제어봉 제어 계통 고장
3)결과: 원자로와 Turbine Generator 비상정지
4)Concern: Blackout 대 정전

3. 전남 영광군 소재 원전 영광 5호기 비상 가동중지
1)일시: 2012년 10월 2일
2)사고내용: 원자로에 물을 공급하는 B.F.W. Pump 가동중단
3)결과: 원전 가동 비상정지
4)Concern: Blackout 대 정전

참고: 원전 정전사고와 人災 사고진행 H.W. Heinrich 원칙
원전 정전 사고내용이 치명적 대형사고 발생 직전까지 간 점을 볼 것 같으면, 인재 (人災) 사고 발생과정인 H.W. Heinrich 원칙과 연계하여 분석해 볼 필요 있다.
상기 3개 원전 사고들이 이 중대 비상상황까지 접근한 것을 보면:
그간 보고되지 않은 수많은 Risk와 Near miss/accidents, 그리고 작은 Trouble 및 Accident들이 나타났을 것으로 판단된다.
따라서, 상기에서 언급한 공학철학의 접근 및 이해, 그리고 의사결정을 위한 철학적, 윤리적

판단기준이 철저히 적용되지 않으면, 후쿠시마 원전 폭발사고와 같은 돌이킬 수 없는 사고와 직면하게 될 것이다.
H.W. Heinrich 원칙: 이상 현상 Risk발생-→300건의 Risk가 되풀이 된 후에-→작은 Accident발생-→29건의 작은 사고가 발생 한 후에-→대형사고 발생

10.3.3. 구미 화학공장 폭발 불산/불화수소 가스누출 확산사고 사례분석

1)일시: 2012년 9월 27일
2)장소: 구미시 국가산업단지 내 ㈜ H글로벌 화학약품 제조공장
3)사고 내용: 20톤 규모 불산 Tank lorry에서 공장 불산 저장탱크로 Hose연결작업 중 Tank lorry의 뚜껑이 열리며 불화수소 가스가 폭발하듯 분출
4)사고 직접원인: 불산/액화 무수불화수소가스 취급 및 하역시설 취급 부주의
5)사고 간접원인: Tank lorry 및 저장탱크 시설 설계결함 및 안전관리 미숙
(1)경영자 측: 총체적 안전경영철학 결여
(2)관리자 측: •총체적 설계관리 미숙: 압력계기, Safety Valve, Fume Scrubbing Facility, 불산 중화시설 등 미 설치
•총체적 안전관리 미숙
•총체적 안전교육 결여
(3)운전 및 작업자: 안전 보호용구 착용 미흡?
6)폭발 시 피해내용: 5명 사망, 18명 부상
7)불화수소가스 확산 피해범위: 약 8시간 동안 사고지점 서쪽으로 약 2.5km까지 불화수소 가스 확산
8)불화수소가스 확산 피해내용:
•지역주민 약 4천 여명 병원 치료 및 검진
•농작물/과수/수목 등 고사현상
•가축: 기침/콧물, 사료를 먹지 않는 이상증세
•농작물 피해 정밀조사, 가축 임상관찰, 토양검사, 지하수 검사 등
9)비상조치: 정부 사고 11일 뒤에 "사고지역을 특별재난지역으로 선포"

10.3.4. 청주 화학공장 위험물질 누출 폭발사고 사례분석

1)일시: 2012년 8월 23일
2)장소: 청주시 홍덕구 송정동 L공장 청주공장
3)사고내용: 다이옥신 회수과정에서 발생한 폐 용매를 담은 드럼통에서 위험물질 누출되면서 폭발
4)피해내용: 8명 사망, 3명 중상 (전신화상)

10.3.5. 여수 K 화학공장에서 독가스 포스겐 누출사고 사례분석

1)일시: 2012년 6월 19일

2)장소: 여수 산단 K 화학공장

3)사고내용: 독가스 Phosgene 5Kg 공기 중으로 확산, 포스겐이 담긴 돔에서 누출 경보기 작동

4)피해내용: 인명피해는 없었으나, 80여명의 직원 긴급대피

10.4. 대한민국 지진발생여건

우리나라 대한민국은 환태평양 지진대에 접근 해 있고, 주변국가에서는 대규모 지진이 빈번히 발생하고 있으며, 우리나라의 지진발생빈도수도 지속적으로 증가 하고 있다.

(규모 2.0 이상 발생 횟수: 1999~2011년 약43회, 2009년 60회, 2012 10월 현재 53회) 지각판이 계속 움직이고, 판과 판 사이에서 지속적으로 에너지가 발생 하며, 이미 균열이 나 있는 취약지역인 단층으로 이 에너지들이 분출하게 되면, 우리나라 인근 지역에서 지진은 계속 발생하게 될 것이다.

우리나라는 기상관측 이래 1978년부터 2007년 사이 10대 지진들을 살펴보면 규모 4.7에서 5.3을 보이고 있다. 이러한 자연적 지리적 여건에서 우리나라는 지진과 쓰나미로부터 더 이상 안전지대라고 말할 수 없다.

따라서, 우리나라에서 지진이 발생할 경우, 적기 대비에 만전을 기하지 않거나 소홀히 준비 대응하지 않을 경우, 앞에서 언급한 후쿠시마 원자력 발전소의 폭발과 구미 화학공장의 폭발과 같이 직접적 1차 피해와 후유증으로 이어지는 2, 3차 피해를 입게 하고, 결과적으로 인류에 불행을 초래하게 될 것이다.

10.5. 연구배경

이 연구는 저자가 한·미 합작사인 제4비료공장(진해화학)과 제7비료공장(남해화학)에서 이론을 바탕 한 실무경험과 이를 기반하여 대만의 Formosa Group Nan Ya Chemical Corp., 인도의 OSWAL Chemical & Fertilizers Co., GNVFC Fertilizers Co. 그리고 DuPont Korea에서 Technical Consultation 업무를 수행 하는 과정에서 문제 해결한 제반 실무경험들을 배경으로 한다.

현재 기후변화에 따른 자연환경의 변화로 발생하는 지진/쓰나미로부터 지구 곳곳의 여러 나라 다양한 공장들은 파괴되면서 위험한 물질들을 배출하며 지구를 오염시킬 뿐만 아니라, 인류 및 생태계에 돌이킬 수 없는 가공할 만한 피해를 입히고 있다.

특히 이들 공장들은 파괴되면서 화학적 천재지변을 불러 오기에, 인간의 힘으로는 그 다양한 피해와 후유증을 원상으로 회복시키기에는 한계가 있다.

따라서, 이들 공장과 산업체를 지진/쓰나미로부터 실질적으로 보호하는 데에 뜻을 두고 연구를

하게 되었다.
이 목적을 위해, 학계와 산업체, 그리고 사회(society)를 통합하여 연구함으로써, 지진/쓰나미의 직 · 간접 영향으로부터 그 피해를 최소화하고자 함이 연구배경이 된다.

10.6. 방법론

공정 시스템의 사고원인은 원초적으로 인간의 실수와 직결되는 의사결정 과정의 결함에서 나타나게 된다. 특히, 이는 의사결정권자들의 공학철학 개념결여와 직결된다.
그래서 우선하여 공학철학에 바탕 하여 본 연구를 시작하게 되었다.
그리고 의사결정권자가 결정한 경영방침이나, 전문가가 제시한 기술 지침을 관리자와 실무자들이 이행하는 과정에서 다양한 형태의 실수를 범하는 경우가 비일비재하다.
그래서 근본적으로 이에 영향을 미치는 Human Error를 본 연구에 도입하게 된다.
따라서, 공학철학의 개념을 도입하고 Human Error를 분석하여, 이를 바탕으로 다음들을 선택하여 본 연구의 방법론으로 채택하였다.
첫째, 지진과 연계한 화학공장의 위험성을 이해하고,
둘째, 최근 사고 사례 중심으로 아래와 같은 공정시스템 폭발과 후유증을 분석하고,

- 후쿠시마 원자력발전소 폭발사고 사례분석
- 대한민국 원자력 발전소 최근 사고 사례분석
- 구미 화학공장 폭발, 불산/불화수소 가스 누출 확산 사고 사례분석
- 청주 화학공장 위험물질 누출 폭발사고 사례분석
- 금호 미쓰이 화학공장에서 포스겐 독가스 누출사고 사례분석

셋째, 대한민국 지진발생여건을 살펴보고,
넷째, 지진/쓰나미 대비 공정시스템공학의 대응보완책으로서 아래 사항들을 분석하고,

- 지진/쓰나미로 인한 공정시스템 폭발 가능성 및 예상 피해 분석
- 산업체에서 응용되는 주요 공정시스템 분류
- 기기장치/시설 등의 취약부문을 탐색하기 위한 Assessment Tools

다섯째, 지진/쓰나미 대비 공정시스템공학의 보완전략으로 아래 방안들을 제시하고,

- 화학공학 응용설계 관점에서의 지진과 쓰나미 대비
- 지진/쓰나미 대비 10가지 Groups의 필수방안

여섯째, 내진설계기준을 설정, 제시하고,
일곱째, 최종적으로, 공학철학 학과목 이수를 위한 공학철학 강의의 필요성을 제시했다.

10.7. 결과

본 연구는 상기 연구배경에서 언급한 회사들의 문제점 해결을 통해 이론에 기초하여 경험한 내용들을 요약한 아래 자료들에 바탕을 두고, 이의 실질적 내용들을 지진과 쓰나미에 대비한 화학공학 공정시스템의 보완연구에 응용하게 되었다.
따라서 실질적으로 실무에 응용했던 결과들을 본 연구에 적용하였기에, 본 연구내용은 기대효과를 보일 것으로 판단된다.
참고로, 상기에서 언급한 자료들은 다음과 같다.

- •Consulting Summary Books Vol. I~V, by YoungHo Kim, for Nan Ya Corp. Formosa Group, Taiwan, R.O.C.
- •Safety Review Audit and Observation Summary, by YoungHo Kim, for GNVFC, Gujarat Narmada Valley Fertilizers Company Ltd., District Bharuch, Gujarat, India
- •Consulting Summary Book, by YoungHo Kim, for OSWAL Chemicals & Fertilizers Ltd. Paradeep Orissa, India
- •Consulting Data & Materials, by YoungHo Kim, for DuPont Safety Resources, DuPont Korea

10.8. 지진/쓰나미 대비 공정시스템공학의 대응보완책

10.8.1. 지진/쓰나미 대비 Human Error(人災)의 근본원인 분석과 대비

1. 근본원인:

Most Human Errors are caused:

1) By the Poor Overall Management:
   - •Poor Managing Philosophy
   - •Poor Philosophic Decision-Making
   - •One-sided Action in the Leadership
   - •Lack of Mutual Communication
   - •Leaving the Plants' Aging in Untreated Conditions, etc
2) By the Poor Technical Management:
   - •Poor Education in Class and In-plant O.J.T.
   - •Overlooking abnormal Symptoms and Parameters
   - •Poor Projecting, Engineering, and Designing
   - •Poor Preparing and Following of SOP
   - •Omitting of Normal Process, etc

2. 산업체에서의 Human Error

산업체에서 Human Error는 Case에 따라서 Risks(위험), Accidents(사고), Disasters (재해), 또는 Catastrophes(대재앙)로 분류되는 결과를 초래하게 된다.

철학적/윤리적 판단표준(Philosophic/Ethical Criteria)에 따른 의사결정 결과에 따라 그 피해 범주는 달라지게 된다.

Human Error의 주 근본원인들은 다음과 같다.

1)경영진의 철학적/윤리적 빈곤; 특히 철학적/윤리적 판단표준 미 준수,

2)철학적/윤리적 바탕 위에 부적격 경영자 및 임원 영입,

3)공학윤리의 결핍,

4)전문성 결여로 의사결정 오판,

5)Leadership 결여,

6)대화단절 및 닫힌 마음,

7)경영관리의 일방적 관점으로 판단,

8)편협 된 마음,

9)변덕스러운 의사결정변경,

10)제반 소양, 안전, 기술 교육관리 소홀; 주기적 교육 실행 미흡

11)인력 및 조직관리의 빈곤; 불공정 인사관리

12)교만함과 자만심,

13)신상필벌 규정; 미 준수,

14)관리규정 준수 및 적용: 부실 운영 등

2.1) 일본 원전사고와 연계된 Human Error분석: 예

1) Project 초기단계에서 설계개념과 기후변화에 따른 고려대상 연구의 미흡

(1)성전이 될 때(자연재해나 Human Error에 기인하여) 제어봉(Control Rod)을 원자로 내부로 밀어 넣을 수 없도록, 제어봉 Control System을 원자로 밑 부분에 장착되도록 설계하여 설치, 운영 해 왔음.

(2)전기계통과 냉각수계통의 기본설계결함 및 Upgrading 집중관리 소홀:

⊙비상발전기(Emergency Generator) System들을 Stand-by들과 함께 기후변화에 따른 지진/쓰나미에 대비 가장 안전한 위치에 耐震 설계하여 설치, 운영해야 하는데 그간 System Upgrading을 하지 않음.

⊙Raw Water Pond/or Tanks와 함께 냉각수 펌프 System들도 Stand-by 들과 함께 기후변화에 따른 지진/쓰나미에 대비 가장 안전한 위치에 耐震 설계, 설치/운영해야 하는데 그간 System Upgrading을 하지 않음.

2)내진설계 및 기기장치들의 Layout/위치선정의 기술적 결함

3)비상관리 매뉴얼(Emergency Management Manual)에 의거한, 긴급비상관리 System 운영상의 미흡

4)기후변화에 따른 지진/쓰나미에 대비한 Critical Scenarios Case-Study를 주기적으로 하여 문제점들을 도출, 설계에 반영하고 System들을 Upgrading 했어야 하는데, Upgrading한 흔적을 찾을 수 없는 것을 보면, 이 변화 과정에 대한 연구를 하지 않은 것으로 판단됨.

문제점발견 및 해결책을 반영할 수 없었던 것으로 판단함.

2.2) 철학적/윤리적 판단기준 (Philosophic/Ethical Criteria) 준수

산업체를 총체적으로 운영/경영하는 데에 있어서는, 우선하여 앞에서 언급한 철학적/윤리적 판단기준(Philosophic/Ethical Criteria)을 마음에 새겨 준수해야하며, 의사 결정할 때마다 그 기준에 비추어 판단을 내려야 한다.

이 철학적/윤리적 판단표준(Philosophic/Ethical Criteria)은 특히 Chairman, CEO, Manager 들이 예외 없이 필수적으로 지켜야 할 뿐만 아니라, Group 전체 조직원들 또한 지키도록 그들 산업체의 안전문화(Safety Culture)로 정착시켜나가야 한다.

의사결정이나 판단을 내릴 때 이에 벗어난 행동, 행위를 할 때는 예외 없이 즉각적으로 후유증에 시달리게 되며, 이의 결과는 그 여건과 규모에 따라 사회, 국가, 인류에 그 만큼의 해를 입히게 된다.

2.3) 정의로운 사업추진

흔들리지 않는 철학적/윤리적 판단기준(Philosophic/Ethical Criteria)에 바탕 하여, 반듯이 전문적 판단 위에 과학/기술의 이론과 기초가 올바른 것을 선택, 정의롭게 의사결정 한 후에, "盡人事待天命" (Do your best and leave the rest to God.)하는 자세로 S.T.S.에 입각하여 주워진 일들을 인류에 공헌할 수 있도록 종결하고 지속적으로 연구 보완 해 나가야 한다.

10.9. 지진/쓰나미로 인한 공정시스템 폭발 가능성 및 예상 피해 분석

대단위 화학공장 단지는 일반 화학공장이나 첨단화학공장들로 서로 연계하여 공정화 되어 있으며, 이들 공장들은 무수한 종류의 다양한 공정장치들을 통하여 수많은 성분의 원료와 중간제품, 그리고 완제품 등을 제조공정에서 다루게 된다. 이들 공정장치(Processing Equipment) 들은 주로 Vessels, Reactors, Towers, Columns, Coolers, Furnaces, Converters, Storage Tanks, Stacks등으로 분류되며, 그 주요장치들은 매우 높이 설치되어 있으며, 거대하고, 무거운 시설로 되어 있다.

이들 주요 제조공정 및 장치들은 40~50여 년의 장기간 사용으로 노후화되어 취약할 뿐만 아니라, 수많은 위험성(Risks)들이 잠재되어 있다.

이와 같은 잠재된 위험성들로 인해 공정장치와 시설들이 지진/쓰나미로부터 영향을 받을 때 이들

취약 장치와 시설들은 갈라지거나 붕괴하게 된다.
이러한 경우에 대폭발 및 화재가 발생하게 되며, 결과 1차적으로 인근 주거 지역에 수많은 인명피해와 생태계가 파멸하게 된다.
이 때 거대한 양의 독성 높은 물질이나 위험물질들이 새어 나오게 되며, 이들 독성 위험 오염물질들은 바람 방향에 따라 한 도시의 인명을 대부분 삼키게 되며, 또한 심각하게 멀리 대기를 오염시키며 주위 주거지역으로 폭 넓게 확산되고, 토양에 스며들어 수질을 오염시킬 뿐만 아니라, 바로 강이나 바다로 유입되어 인명피해와 생태계 및 해양을 오염시키게 된다.
따라서, 기존 대부분 공장들의 취약 기기장치들과 공장들을 적정수준 이상으로 耐震設計 보완하여 지진으로부터 인명피해 및 생태계를 보호하고 산업재해를 예방해야 한다.

10.10. 산업체에서 응용되는 주요 공정시스템의 분류 및 취약부문 Assessment Tools

10.10.1. 주요 공정시스템의 분류

1. Whole processing areas to be considered
   1) Raw materials unloading unit
   2) Raw materials storage unit
   3) Manufacturing, processing and treating unit
   4) Intermediate process unit
   5) Products storage unit
   6) Products shipping and loading unit
   7) End Users' Unloading Unit
2. Whole processing equipment and facility
   1) Stationary equipment and facility
      (1) Processing tower, stripper, and vessel
      (2) Burner, boiler, and furnace
      (3) Steam drum
      (4) Economizer and stack
      (5) Heat exchanger, cooler, and condenser
      (6) Evaporator and heater
      (7) Piping system and its gasket/flange
      (8) Loading and Unloading arm, and its pipeline system
      (9) Duct and coil
      (10) Filter, demister, separator, and eliminator

(11) Electric precipitator and dust collector

(12) Sampler

(13) Processing tank and storage tank, etc

2) Rotating equipment

(1) Pump,

(2) Blower, fan, and compressor

(3) Motor and turbine,

(4) Conveyor and elevator

3) Valve and fitting

4) Control system and safety device system

5) Interlock sequence and alarm functioning system

6) Instrumentation and electrical, control & relay system, etc.

3. Areas to be carefully managed for Earthquake-proof design concept

1) Utilities area

(1) Water reservoir tank and water supply system

(2) Emergency generator and power supply system

(3) Instrument air supply system

(4) Utility boilers

2) Fire-fighting facility: chemical foam tank and foam extinguishers storing area

3) Manufacturing process areas: for reinforcing by "Earthquake-design Standards"

(1) Control room

(2) Electrical switch gear room, motor control center and lightening system

(3) Total rotating equipment: ex; compressors, pumps, blowers, fans

(4) Laboratory

(5) Facilities processing toxic and explosive materials in the intermediate-process

(6) Fuel and oil tanks

(7) Storage tanks

(8) Scrubbing and absorbing system

(9) Neutralizing facility

(10) Toxic gas recovering system

(11) Whole stacks, flare stack and vent stacks

(12) Cooling towers

(13) Towers, vessels and tanks in process

(14) Toxic gas detecting system

(15) Process piping system and pipe rack/structures

(16) Whole storage tanks and storage tank farm area

(17) Gas cylinders storing area

10.10.2. 취약 부문 Auditing and Inspection: Assessment Tools

1. Tools for Process Emergency Control
   1) Control loops and sequence
   2) Process control and regulating system
   3) Interlock system on emergency, process upset and equipment troubles
   4) Gases detecting system
   5) Process risk and safety devices
   6) Power distribution on emergency generators system
2. Tools against Emergency and Troubles
   1) Process safety and risks
   2) Risk-based inspection
   3) Root cause analysis
   4) Routine process safety auditing
   5) Trouble and incident investigation
   6) Changes analysis
   7) Life cycle analysis and useful life measurement
3. Tools for Routine Operation and Production Works
   1) Corrosion/Erosion (Inside/outside)
   2) Stress Corrosion
   3) Electrolytic Corrosion
   4) Carbonated State
   5) Pitting Condition
   6) Hairline Crack State
   7) Loosening State
   8) Defective Areas and Conditions
   9) Deterioration and Aging Conditions
   10) Core areas to be checked, inspected, and measured, etc

       Ex: - Mainly whole welding area (Inside/outside)

- Corrosion/Erosion Rates and its Thickness Conditions
- Bolting area
- Flange area
- Gasket area
- Supporting areas inside stationary processing equipment

4. Tools for the Critical Scenarios and Simulation Studies

These studies are applied to be possible troubles-shootings, to find out unexpected hidden problems, and to get many questions for discussion of further research study. For this study, making questions on worst cases of Assumed Serious Troubles are very important to approach to get solution on time.

Cases on Assumed Serious Troubles can not only be provided on the following unit of sources, but also many suggestions can be got to solve critical problems from Earthquakes.

1) Each source of utilities including nitrogen supply system
2) Raw water supply system from water reservoir dam to raw water pond
3) Power supply system from power plant to plant power transformer station
4) Explosion of major reactor/rotating equipment and vessels/towers, etc
5) Rupture of storage tanks of toxic and hazardous materials
6) Serious troubles of Emergency Generators
7) Explosion of steam generating boilers
8) Explosion of instrument compressors
9) Contamination of utility steam and instrument, etc

10.11. 지진/쓰나미 대비 공정시스템공학의 보완전략

10.11.1. 화학공학 응용설계 관점에서의 지진과 쓰나미 대비

지진대비

1)일본 대지진에서 나타난 설계결함들을 우리나라 원자력발전 및 대단위 공장들의 설계개념과 규격에 비추어 응용 보완하도록 하고,

2)기존의 대단위 공업단지내의 공장과 원자력 발전소에 대하여는 Utility System과 각 회전기기 장치류와 공정시설의 취약상태를 정밀 진단하여 선진국 수준의 내진설계기준으로 강화 보강해서 미약한 진동으로부터도 이들 회전기기장치들이 비상가동정지 되거나 붕괴되지 않도록 한다.

3)공업용수 저장시설은 각 단지 내 공장들이 비상시에 최소한 3일 이상 사용할 수 있는 저장시설을 갖추도록 하고 비상시에 대비하여 각 해당 저장시설들을 공동 사용할 수 있도록 단지간 공동배관

설비류를 갖추도록 하며,
4)위험성이 높은 공장들은 비상시에 비상가동 정지를 현재보다 더 빨리 할 수 있도록 비상조업정지 회로시스템을 개발하도록 한다.
5)그리고 공정상 독극물 재고가 공정에 머물지 않도록 공정시설을 개조한다.

쓰나미 대비
우리나라 해안선에 건설된 중화학공장 단지들은 그 토대 높이가 Sea Level 기준하여 대략 5m로, 쓰나미에 아주 취약한 낮은 지역에 위치하고 있다.
이를 감안하여,
1)자연재해 쓰나미의 예고에 따른 대비책으로 해안선 바닷물 높이의 이상 증가와 낮아짐을 경고할 수 있도록 곳곳에 경고 시스템장치를 설치하고,
2)해안선 및 해안가 물밑바닥의 진동 및 흔들림을 탐지할 수 있는 탐지 경고 시스템을 요소 요소에 설치한다.
3)해안가의 물 높이에 따른 수압변화의 이상유무를 감지할 수 있는 수압변화 감지 경고 시스템을 요소에 설치한다.
4)또한 해안가에서 발생하는 파도소리의 이상한 노호소리 감지 시스템을 요소 요소에 설치한다.
5)그리고 더욱 중요한 것은 해안가 높은 곳에 해안 지진 및 쓰나미 감지 및 통보 센터를 바닷가 요소에 설치하여 상기 탐지 내용들을 각 공업단지와 발전소에 실시간 온라인 전파로 긴급 통보할 수 있게 하여, 그들로 하여금 긴장하며 미리 위기상황에 대처하도록 정보망을 구축한다.

10.11.2. 지진/쓰나미 대비 필수10가지 Groups 방안 (Required 10 Essential Groups against Earthquake and Tsunami)

The required 10 Essential Groups for both Management and Engineering/Technology are as follows:
Cores for both Management and Engineering/Technology:
Group 1: Managing Philosophy of Top Managing Group
Group 2: Technology, Manufacturing Process and Operation
Group 3: Symptoms
Group 4: Education and Training
Group 5: Facilities
Group 6: Storage and Transportation
Group 7: Hazards Detection
Group 8: Emergency Management

Group 9: Safety and Environment
Group 10: Contractors

Group 1: Managing Philosophy of Top Managing Group

1. Present Condition:
    1) Sometime, they do poor philosophic decision-making.
    2) They do very often closed-minded and one-sided view management.
    3) They used to manage at the condition of prejudiced and narrow-minded personality.
2. Anticipated Consequences:
    1) Tendency of unwise decision-making
    2) Poor decision-making due to the lack of communication
    3) Poor cooperation within organization
3. Suggestions: Before change:
    1) Learn more what are philosophic decision-making and ethics.
    2) Endeavor to see open-minded point of view.
    3) Have many-sided and complex thinking eye.

Group 2: Technology, Manufacturing Process and Operation

Areas to be considered:

•Operation
•Process
•Laboratory
•Process Hazard Analysis
•Management of Changes

1. Present Condition:
    1) Trying of Process Changes: on technology and facilities
    (Improvement, modification, upgrading, and de-bottlenecking, etc.)
    2)Trying of Various Parameters Changes in process:
    (Useful life change of construction materials, specification, and process control ranges: trip point, by-pass, interlocking, and set-point, etc.)
2. Anticipated Consequences: Due to poor study and review on changes and human errors:
    1) Cause unexpected results

2) Bring process failure
3) Invite calamity
4) Face with catastrophic situations

3. Suggestions: Before change:
   1) Detail Study and Review by Specialists Group
   2) Contact and Review with Vendor
   3) Test and Experiment on the basis of Theory
   4) Group meeting with Specialists, etc

Group 3: Symptoms

1. Present Condition: unsystematically poor application
2. Anticipated Consequences:
   1) Process upsetting in case of each happening of symptoms
   2) Plants totally shutdown under abnormal operating conditions
   3) Environmental troubles calling (air pollution and water contamination, and also river and sea contamination, etc)
   4) Facing with Emergency Situations: various kinds of situations and troubles, etc
3. Suggestions:
   1) Understanding total symptoms and how to application on each symptom
   2) Learning how to troubleshooting.
   3) Including total symptoms in teaching materials, etc

Group 4: Education and Training

1. Present Condition:
   1) Classroom education and in-plant training are skipped and poorly performed.
   2) The contents of teaching materials are poor, and also are not covered full managing areas
2. Anticipated Consequences:
   1) The possibilities of incorrect action under the case of process emergency are very high.
   2) Immediate correct actions are not available when being faced with emergency situations of Operation.
   3) Perfect troubleshooting in sequence are not satisfactory, accordingly they will call incidents.
3. Suggestions:
   1) Teaching materials and program in detail covering whole areas are required.

2) Periodic classroom education and in-plant training are thoroughly required depending on the company' s perfect regulations.

Group 5: Facilities

1. Present Condition:
   1) Facilities and Accessories: Gradually Aging Old
   2) Corrosion and Erosion developing (Inside/Outside),
   3) Electrolytic Corrosion,
   4) Carbonated State,
   5) Pitting Condition,
   6) Loosening State, etc
2. Anticipated Consequences:
   1) Hair Line Crack Developing: Rupture,
   2) Leak through: Effluent,
   3) Gases release,
   4) Fire, Explosion, and Detonation,
   5) Structure Failure,
   6) Catastrophic Situations,
   7) Shut-down time losses,
   8) Production losses, etc
3. Suggestions:
   1) Supporting proper maintenance cost,
   2) Keeping proper spare parts stock,
   3) Developing Preventive Maintenance Program
   4) Preparing excellent Total Maintenance Program
   5) Upgrading Maintenance Skill

Group 6: Storage and Transportation

1. Present Condition:
   1) Hazardous, Flammable and Toxic Chemicals
   2) All Materials and Accessories: gradually Aging Old
   3) (Stress) Corrosion and Erosion developing
2. Anticipated Consequences:

1) Rupture and Crack
2) Leak of Isolation Line and Valves on Bottom
3) Overflowing
4) Terrorism
5) Catastrophic Situations Class

3. Suggestions:
1) Routinely Inspection, Field Checking and Patrolling
2) Checklist recording on 2-Hour Base
3) CCTV Monitoring Control
4) Excellent Maintenance Program Preparing
5) Periodically Thickness Measuring and Recording, etc

Group 7: Hazards Detection

1. Present Condition:
1) Plants treating and handling: Toxic, Flammable, Explosive, Hazardous, and Sensitive Chemicals.
2) All Materials and Accessories: gradually aging old
3) (Stress) Corrosion and Erosion developing

2. Anticipated Consequence:
1) Hair Line Crack and Developing: Rupture
2) Leak through: Effluent
3) Gases release
4) Fire, Explosion, and Detonation
5) Structure Failure

3. Suggestions: Preparing Hazard Detection Program: (For Toxic Gases, Stress-Corrosion, Erosion, and Effluents)

Group 8: Emergency Management

1. Present Condition:
1) Plants treating and handling: Toxic, Flammable, Explosive, Hazardous, and Sensitive Chemicals and Materials
2) All Materials and Accessories: gradually Aging Old
3) (Stress) Corrosion and Erosion developing
4) Plants and Storage Volume: Huge Size and Large

5) Mull functioned Operation and Mistaken Maintenance
6) Risks existing: Impact on Personnel Losses & Property Losses

2. Anticipated Consequences:
   1) Rupture of Storage Tanks
   2) Leak through: Effluent
   3) Hazardous Gases Release to Plants and Community
   4) Fire, Explosion, and Detonation
   5) Properties, Live Losses, and Environmental Damage
   6) Catastrophic Situations
3. Suggestions: Preparing:
   1) Overall Emergency Plan,
   2) Emergency Response Plan,
   3) Emergency Management Plan, etc

Group 9: Safety and Environment

1. Present Condition:
   1) Plants: (1) Fine chemical production,
   (2) High complexity,
   (3) High-tech intensive Facilities,
   (4) Large size in capacity,
   (5) Toxic, Explosive, Hazardous, Dangerous Materials,
   (6) Gradually Aging Old,
   (7) Locating in Neighboring Areas
   2) Man Power: (1) Existing on possibilities of Human Error and Totally Poor Management
2. Anticipated Consequences:
   1) Rupture and Leak through: Effluent
   2) Hazardous Gases Release to Plants and Community
   3) Fire, Explosion, and Detonation
   4) Properties, Live Losses, and Environmental Damage
   5) Catastrophic Situations
3. Suggestions:
   1) Developing Excellent Total Safety Management Program
   2) Informing CEO' s Philosophy on Total Safety Management

3) Chairman and CEO’ s Commitment to TSM
4) Following excellently-prepared PSRM
5) Managing Groups’ Excellent Leadership

Group 10: Contractors
1. Present Condition:
1) Contractor’ s Poor Safety Performance
2) Communication and Works Relationship with Owner side: Poor
3) Informing & Explaining Safety Rules and Work Procedures: Insufficient
2. Anticipated Consequences: High possibilities to call the followings:
(1) Near-Accidents,
(2) Production Interruption,
(3) Employees Injuries,
(4) Property Damages,
(5) Environmental Damage and Impact, etc
3. Suggestions:
1) Excellent Leadership Development,
2) Introducing Well-organized Management,
3) Contractor’ s Selection Procedure Development,
4) Developing Safety training and Education Program
5) Work Performance Record Keeping
6) Performing Periodic Evaluating Program

10.12. 내진설계기준 설정(Establishing Earthquake Resistant Design Standards (E.R.D.S.)

Those objects to be reinforced and managed are classified as follows.
1) Class 1: Building and structures
2) Class 2: Control room: emergency generator and transformer substation, Electrical switch gear room, motor control center and lightening system and its facilities
3) Class 3: Utilities: equipment and its facilities: steam generation boilers system, plant and instrument air production system, plant/potable water, nitrogen supply system
4) Class 4: Process areas: steam generation boilers and other utilities, rotational and

stationary equipment and its facilities processing and/or handling toxic, poisonous, inflammable, explosive and hazardous materials in the intermediate/total process, process piping system and pipe rack/structures, reactors and scrubbing system, processing column and vessel, whole stacks, flare stacks and vent stacks, toxic gas detecting system, and also whole storage tanks and pump stations/its facilities, etc

5) Class 5: Offsite areas: neutralizing, scrubbing and recovery facilities of toxic gases and materials in highest priority, cooling towers and its facilities, waste water treating facilities, storage tanks farm, port areas for unloading and loading, etc

6) Class 6: Firefighting facilities: hydrant water pump station, chemical foam tank and foam extinguishers storing system

In addition, author suggests that the Earthquake Resistant Design Standards (E.R.D.S.) to be applied to these chemical plants will be followed by the Richter Magnitude (R.M.) 6.5 on the same level of the Standard of the Atomic Power Plant. The reason is why these plants are not only running under very severe conditions as classified-below Class-4, Process areas, but also operating by both similar equipment and very toxic gases and materials in the complicate process.

More importantly, It is strongly suggested that the Richter Magnitude (R.M.) 7.0 will be followed on the Equipment and its Facilities that running under specially severe operating conditions treating fatally Toxic and potentially Explosive Materials and Gases.

In general, most existing chemical plants are old in aging conditions, and also operating under severely weak conditions because these most chemical plants were not designed on Earthquake Resistant Design Standard (E.R.D.S.).

예: Earthquake proof design: Seismic factor suggested for plant design

1) Suggestion of seismic factor for plant design
   (1) Suggestion basis: Richter scale 5.2 happened in 1978 at Mt. SokRi area
   (2) Safety factor: 1.25 (Assumption)
   (3) Suggested seismic factor (Richter scale): 5.2 X 1.25=6.5
   (4) Say higher than 6.5

2) Example: Areas to be applied to earthquake proof design:
   Below-shown figures say Richter scale to be designed
   (1) Piping and pipe rack/structures areas: 6.5
   (2) Whole storage tanks/farm areas: 6.5

(3) Utilities areas: 7.0
(4) Processes areas: 7.0
(5) Hazardous materials neutralizing facilities: 7.0
(6) Emergency generators areas: 7.0

10.13. 공학철학 교과목 이수: 공학철학 강의의 필요성

현대산업체는 과학, 기술에 바탕한 공학분야에 기반을 둔 복잡다양하고 위험한 공정시설을 통하여 헤아릴 수 없을 정도의 수많은 제품들을 생산하고 있으며, 이에 따라 경제규모도 급속도로 성장하고 있다.
이 총체적 운영관리 측면의 과정인 공학개념, 공정 및 공장 기본/상세설계, 공정 응용설계, 공장건설, 시운전관리, 성능보장관리, 생산정상화, 공정개선, Project 관리, R&D, Research관리, 공정안전 및 환경관리 분야 등에서 Human error를 초래할 경우에 국가, 사회, 및 지구촌 인류에 미치는 영향은 상상을 초월하게 된다.
특히 제반 철학적/윤리적 소양의 결여와 공학설계 및 응용의 빈약 성으로 인해 초래되는 결과는 수 많은 인명피해와 생태계를 파멸시키게 된다. 결과, 이들 산업체들을 총체적으로 경영관리하기 위해서는 공학철학과 윤리, 그리고 철학적 의사결정이 고도로 요구된다.
더욱 더, 이에 소속된 기술인들이 공학철학과 윤리에 빈곤한 소양을 갖춘 결과로 의사결정에 오판할 경우에는 국가. 사회 및 인류에 대재앙을 불러 오게 된다.
따라서, 대학은 공학철학 과목을 이수한 우수학생들을 사회에 배출시켜 과학과 기술 (Science and Technology)이 안전하게 사회(Society)발전을 이룰 수 있
도록 하고, 인류에 공헌하도록 해야겠다.

10.14. 결론

모든 종류의 사고는 천재지변을 재외하고는 인간이 의사결정 과정에서 개인적 결함에 의해 발생하게 된다. 이에 따라 본 논문에서는 화학적 천재지변에 해당되는 사고들을 근본적으로 미연에 방지할 목적으로 공학철학에 접근하고 있다.
그리고 화학공장의 잠재된 제반 위험성과 독극성 그리고 폭발성 등을 이해하고, 사고 발생시에 그 피해범위가 거대하게 광범위할 뿐만 아니라, 도시적 인명살상을 불러 오게 되며, 그로 인한 오염물질들은 장기적으로 확산되어 주위 환경을 오염시켜 나가기 때문에 돌이킬 수 없는 가공할 만한 피해를 주위에 입히게 된다.
따라서, 다음 내용들을 결론에 부치기로 한다.
의사결정 과정에 주요 요소가 되는 공학철학의 깊은 의미를 이해하고, 공과대학에

"공학철학" 을 필수과목으로 반영한다.
Human Error를 총체적으로 이해하고, 근본적으로 사고를 예방 해 나가도록 한다.
공정시스템 전반을 주기적으로 진단 평가하여, 취약점들을 발견하고 설계 보완하여 사고를 예방한다.
공정 장치 및 설비에 내진설계 기준을 설정하여 적용함으로써, 천재지변적

11. 공학인의 철학적 의사결정 (Philosophic decision-making for Engineers)

의사결정권자들은 철학과 윤리를 바탕 하여 심사 숙고한 과정을 거쳐 의사결정을 해야 하는 데, 아래에 언급한 "철학적, 윤리적 판단기준 6가지" 를 토대로 확고히 의사결정을 하도록 한다.
즉, "철학적, 윤리적 판단기준 6가지" (6-philosophic and ethical criteria for decision-making)는:

- •철학적 마인드 유지(keeping philosophic mind),
- •윤리적 행동(ethical action),
- •신념 있는 행동(action in beliefs,)
- •정직/양심 있는 행동(honest/conscientious action),
- •용기 있는 주장과 설득(emphasizing and persuading in courage),
- •인류에 공헌(contribution to human beings)이다.

즉, •철학적 마인드(mind)로 뿌듯함이 생기고,
•윤리적 행동으로 자랑스러움이 솟구치며,
•신념 있는 행동으로 마음이 흔들리지 않고,
•정직과 양심 있는 행동으로 하늘을 우러러 부끄러운 점이 없어지며,
•용기 있는 주장과 설득하는 행동으로 온 세상을 다 가진 듯 풍요로워지고,
•인류에 공헌하는 정신으로 삶의 정도(正道)를 밟을 수 있게 되어 신선의 경지에 이르게 된다.

의사결정 할 때 철학과 윤리에 위배되는 사항에 대하여는 그 어떠한 경우에든 실행하지 않도록 하며, 철학적/윤리적 마인드를 가진 전문가들에 의하여 작성 배포된 운영 매뉴얼 (manual)에 명기된 내용들에 의거 하여 있는 그대로 실행하도록 한다.
배포된 그 운영 매뉴얼은 정기적으로 세부 내용들을 면밀히 검토하여, 보완이 요구될 경우에는 지체 없이 그 내용들을 개정 증보 해 나가도록 한다.
주워진 제반 업무를 추진 해 나가는 과정 중에 실용적 경험 철학에 바탕 한 "철학적 의사결정의 판단기준 6가지" 에서 벗어나 의사 결정하게 되면 비극적 후유증이 뒤따르게 된다. 이 6가지의 기준을 따르지 않고 판단 실행한 의사결정권자는 예외 없이 그 조직에서 중도하차 하게 되고 법의 심판을 받게 된다. 그 순간 지금까지 공들여 쌓아온 금자탑이 무너지고 행복이 불행으로 바뀌는 전환점을 맞이하게 된다.

삶을 영위 해 나가면서 의사 결정해야 할 대, 이 6가지 판단기준을 따르게 되면 삶은 지속적으로 행복 해 지게 된다.

여기서 철학적 의사결정은 의사결정을 해야 하는 해당자들 모두에게 해당됨으로 앞에서 언급했던 내용을 아래와 같이 다시 한번 강조하기로 한다.

업무를 추진하는 과정 중에 그 어떤 경우에든, 의사 결정해야 할 사항들이 있으면 철학(Philosophy)을 마음의 바탕에 두고, 해당된 사항들을 자연과학측면의 의사결정으로 답을 구할 것인가? 아니면 사회과학측면의 의사결정으로 답을 구할 것인가를 판정한다. 즉, 문제의 사항들이 자연과학측면과 사회과학측면 중 어느 쪽에 비중이 더 큰지를 반드시 전문적인 바탕에서 정확히 파악하고 판단하면서 계속하여 세부적으로 하향 의사 결정해 나가면 최종단계에서 지혜로운 명쾌한 답에 초점이 맞추어 지게 된다.

이러한 철학적 바탕 위에 컨설팅 의사결정을 하면 재앙적 재해를 예방할 수 있게 된다. 컨설턴트의 이 외로운 의사결정이야말로 지구적 재해(Global disasters)로부터 인류를 보호하게 되는 것이다.

여기서 결코 간과(看過, overlooking)해서는 안 되는 자연과학측면의 의사결정사항 은 다수결로 판단하거나 표결할 수 없는 결정사항이란 것을 마음 속에 깊이 새겨두고 예외 없이 따르며 실행 실천해야 한다. 즉, 1%에 해당되는 자연과학측면의 전문적 의사결정권자 가 연구하고 준비한 과학적이고 이론적인 보고서 내용, 실질적으로 체험한 기술자들의 보고서와 의견(Practical Engineers' reports and opinions with hands-on experiences)내용, 그리고 역사적인 사례 보고서(Historical reports on cases)내용이 옳다면, 비전문적이고 이론과 실제에 무지하여 오판하고 있거나 또는 실질적 체험이 없는 상태에서 비현실적 판단을 하고 있는 99%에 해당되는 의사결정권자들은 이 1%의 옳은 방법 또는 의사결정을 한 사람을 반드시 예외 없이 따라주어야 한다. (Given that only 1% of judgment is correct on the basis of the scientific conception and theory, it would be prudent to follow exactly the 1% of scientific truths without exception.)

〈1〉 저자가 2001년 9월 25일 Melbourne, Australia에서 개최된 세계 제6차 화학공학회(6th WCCE)에서 발표한 논문주제: Philosophic Decision-Making for Overall Management of Complex Chemical Plants(대단위 종합화학공장의 총괄적 관리에 대한 철학적 의사결정)에서 발췌인용.

자연과학측면의 의사결정사항들은 결코 다수결로 결정하거나 표결로 처리해서는 안 된다는 사실을 재 강조한다.

상기에서 언급한 이 의사결정 내용을 간과하여 의사결정 해야 할 사항의 내용 들을 빠뜨리고 보거나, 비전문적으로 오판하여 Human Errors를 불러오게 되고, 부정행위로 결점 들을 눈감아 주게 되면 이에 해당되는 의사결정권자들이 판단한 의사결정은 재앙적 재해의 근본원인(根本原因, root cause, contributing cause)이 되고, 이로 인해 국가사회는 존립위기 에 놓이게 된다는 사실은 명약관화 (明若觀火, Being as clear as the light)하다.
이 때 오판한 의사결정권자들에게 국가사회적 책임을 추궁하려고 해도 그들은 이미 그들이 저지른 재앙적 재해의 피해를 입게 되어 지상에 존재하지 않을 것이라는 것은 그 누구도 단언할 수 없는 일이다.
11.1 공학철학 바탕 위에 의사결정의 금기사항
자연과학 측면의 의사결정 사항은 다수결로 판단하거나 표결할 수 없는 절대적 결정사항이다. 1%에 해당되는 자연과학측면의 전문적 의사결정권자 가 판단한 의사결정이 옳다면, 비전문적이고 이론과 실제에 취약한 상태에서 오판하고 있는 99%에 해당되는 의사결정권자들은 이 1%의 옳은 방법을 주장하는 의사결정자를 반드시 따라주어야 한다.

12. 공학철학 강의 목적

공학분야에 기반을 둔 현대의 산업은 복잡다양하고 다루기 어려운 공정시설을 통해
방사성물질과 무수한 독극물제품들을 생산하고 있으며, 이에 확장하여 또 다른 영역의 생산품들을 찾아 연구하고 탐색 해 나가고 있다.
이들 산업체들을 총체적으로 관리하여 사회의 평안과 행복을 추구하기 위해서 학생들
에게 공학철학/공학윤리의 교과목을 필수적으로 이수하도록 해야 하고, 향후 이들이 국가사회 및 세계무대를 향하여 공학분야의 일을 추진 해 나가는 과정에 철학적 의사 결정을 하도록 해야 한다.
이들 기술, 공학인들이 공학철학 및 윤리에 빈곤한 소양을 갖춘 결과로 오판된 의사 결정을 내리고 실행할 경우에는 국가와 사회, 그리고 인류사회에 상상을 초월하는 인명 및 자산손실, 그리고 인재(人災)에 의한 재해와 대 재앙을 불러 오게 된다.
따라서, 대학은 공학철학 교과목을 이수한 자질을 갖춘 학생들을 사회에 배출시켜
철학적 의사결정을 하게 하고, 이들로 하여금 재앙적 재해로부터 인류를 보호, 해방 시킬 수 있도록 하는 데에 강의목적을 둔다.

13. 공장 프로세스 사고의 교훈: 정직과 양심

"정직하면 살아 남는다." 이런 주제를 가지고 글을 쓸려고 하니 왠지 현실에서 멀리 떨어진 감이 있는 듯하다.
50여년 전에는 초등학교 중학교 사회생활 교과목에서 선생님의 가르치심에는 정직, 도덕, 예의, 효도, 공경 이란 키워드(key words)가 주를 이루었는데 대략 두 세대에 걸치면서 오늘에 와서는 이런 류의 교육용어는 별로 열정적으로 등장하지 않는 것 같다.
두 세대에 걸쳐 올바른 교육의 근간은 변이되어 오늘에 이르고 있다.

철학과 가치관이 결여된 최고 정책 입안자나 최고 의사결정권자들이 앉아서는 안될 자리에 그들을 앉힌 결과가 오늘에 와서 뿌리를 잃고 바람에 흔들리는 생명 잃은 벌거벗은 나무로 변하게 된 것이다.

'다시 정상으로 돌리려면 철학이 투철하며 올바르고 정의로운 지도자가 이끄는 50여년이 다시금 흘러야 가능하지 않을까?' 하고 생각 해 본다. 손 놓고 막연히 기다린 다는 것은 의미가 없지 않을까?

저자는 이제라도 교육철학과 가치관이 투철하며 불의를 보고 타협하지 않으며, 불의에 정정당당히 싸워 이겨 낼 정신력이 강한 정의롭고 용기 있는 교육자와 정치가들이 새롭게 등장되어야 만이 새로운 그릇에 새로운 물을 담아 낼 수 있고, 이 깨끗한 물로 올바른 세대를 배양 해 나갈 수 있다. 고 본다.

오늘의 현실에서도 "정직하면 살아 남는다."는 철칙은 "뜻이 있는 곳에 반드시 길이 있다."는 격언과 일맥상통하고 있다.

저자가 초급 관리자(Relief Supervisor)로 한. 미 합작사인 제4비료공장(진해화학주식회사)에 근무할 때 황산공장에서 발생한 사고와 관련된 이야기가 되겠다.

황산공장 연차보수를 마치고 3일 간에 걸쳐 공정 시스템의 온도를 반응온도까지 올린 후 연소로에 유황 원료를 공급하는 시점에서 사고가 발생하게 되었다.

유황은 134℃에서 가장 유연하게 잘 흐를 수가 있다.

최적 운전조건은 130~140℃가 되며, 그 이하나 그 이상 온도에서는 마치 꿀물처럼 점도가 높아지기 때문에 흐름이 급격하게 느려져서 비상운전에 돌입하게 된다.

그래서 유황을 공정에서 원활하게 흐르게 하기 위해서 2중 관(double-jacketed pipe lines)을 이용하여 안쪽 관에는 유황이 7기압에서 흐르게 하고, 바깥 쪽 관에는 스팀 증기가 3,5기압으로 흐르게 하여 유황을 134℃로 유지 해 주게 응용 설계되어있다.

7일간 연차보수를 끝내고 공장을 가동한지 약 10시간 후인 새벽 녘에 2중 관 안쪽 유황 관이 부식(腐蝕, corrosion)되어 압력이 높은 유황 액이 2중간 안쪽 배관을 통해 압력이 낮은 스팀 증기 관으로 흘러 나오게 된 사고였다.

연차보수 7일간 거의 잠다운 잠을 자 보지도 못하고 휴식도 제대로 취하지 못한 몽롱한 신체적 조건에서 공장을 가동하는 중이라서 길가 옆 자갈 덮인 길만 보아도 눕고 싶고, 한편으로는 그 자갈밭에 누워 단잠을 자고 싶기도 한 상태였다.

아침 9시경이 되어 암모니아 공장의 공정 스팀 증기 중에서 유황성분이 검출된다는 초 비상 상태의 연락이 왔다. 그 순간 혹시나 하고 눈 앞이 깜깜 해 졌다.

황산공장에서 유황이 스팀 증기 관을 통해 동력공장을 거쳐 암모니아 공장의 스팀증기 관까지 오염시킨 결과가 아닐까? 하며 그 순간 가슴이 철렁거리며 걱정이 태산 같았다.

공장장 주제하에 부. 과장 긴급회의에서 암모니아 공장을 긴급 가동 정지하고 오염된 스팀 증기

관을 찾아 정상 조건이 될 때까지 스팀증기로 불어 내기(blowing out), 즉 씻어내기 하기로 공장장께서 의사결정을 하셨다.

그 해 8월 15일 암모니아 공장을 가동중지하고 거의 하루 반을 유황성분으로 오염된 스팀증기관을 불어 낸 후 더 이상 유황분이 검출되지 안는 것을 분석 확인한 후 다시금 암모니아 공장은 재 가동하게 되었고 정상 조업이 되었다.

모든 공장들이 언제 사고가 났었느냐는 듯이 원활히 가동되고 있었다.

저자는 이 때가 책임을 지고 사표를 제출할 때라고 판단했다.

아무리 그 당시 초급관리자인 저자가 한. 미 합작사인 제4비료공장(진해화학주식회사)에 장학생으로 입사하여 미래가 촉망된다 하더라도 회사에 이러한 경제적 손실을 입힌 금전적 대형 사고 앞에 저자는 더 이상 책임지지 않고 설 수가 없었다.

입사한지 3년 만에 이렇게 큰 경제적 손실을 가져 온 공정사고가 발생한 것에 대해 초급 관리자인 제 마음은 어찌할 바를 몰라 안절부절못한 상태였고, 그 당시 제 마음을 도저히 용납할 수가 없었다.

곰곰이 깊은 생각 끝에 사표를 내기로 마음먹고, 퇴근한 그날 저녁에 신혼생활에 단꿈을 꾸며 미래를 아기자기하게 설계 해 나가고 있는 사랑하는 처(妻)에게 자초지종을 들려준 후 사표를 내야겠다. 고 말했다.

처는 긴장하며 경청한 후 "차분히 생각하며 회사의 판단에 따라, 당신이 알아서 판단하세요." 하면서 오히려 저자의 아픈 마음을 달래며 위로 해 주었다.

그 순간 결혼하여 처가 옆에 있다는 것이 얼마나 행복했었던지……

그 때를 생각하면 처가 얼마나 고마웠었는지 필설로 다할 수가 없다.

이런 상황에서도 처는 매우 행복감을 주었다. 이 때 저자는 처를 더욱 더 사랑하고 책임져야겠다는 각오가 다시 한번 마음 속에 꿈틀 되는 것을 느껴보게 되었다.

다음 날 아침이 밝았다.

출근하여 과장님에게 사표를 내겠다고 말씀 드리고 직접 공장장님 사무실로 찾아가 공장장님께 사표를 제출했다.

공장장님께서는 왜 사표를 내느냐고 했다.

이번 "황산공장 연차보수 이후 유황이 암모니아 공장까지 오염시킨 책임을 지고 사표를 내는 것입니다." 라고 말씀 드렸다.

공장장님께서는 "그 문제는 이제부터 조사를 해 보아야 무엇이 잘 못되었고 언제부터 2중관 속이 부식되었었는지 등등을 기술관리측면에서 다각적으로 면밀하게 분석 조사 한 후 원인이 정확히 모두 밝혀지면 그 때가서 결정할 문제"라고 하시면서 "지금은 김영호 Relief Supervisor(과장대리)의 책임이라고 단정지을 수 없다." 고 말씀하셨다.

그러시면서 조사 후에 판단하시겠다고 사표를 반려하셨다.

조사 후 삼수갑산을 가더라도 그 순간만은 행복한 마음이었다.
저자는 찹찹한 마음에 사표를 들고 공장장님 실을 나왔다.
공장장님께서는 저자가 속해 있는 생산부서와 조사 담당부서인 기술부서에 사고조사 보고서를 동시에 제출하라고 지시하셨다.
다음 날 기술부서에서 조사담당자가 저자의 사무실로 찾아 왔다.
조사담당자가 사고 조사하기 위해 묻는 말에 저자는 본대로 느낀 대로 있는 그대로를 정직하게 답변했다.
조사담당자의 모든 질문에 답하고 난 후에, 저자는 연차보수 7일 간 잠을 제대로 자지 못해 체력이 모두 소진된 몽롱한 상태에서 판단이 흐려져 더 빨리 공장을 가동 중지 못한 것은 본인의 책임이라고 조사담당자에게 말을 덧붙였다.
조사담당자는 네, 그러셨군요 하며 조사를 마치고 돌아 갔다.
저자도 사고조사 보고서를 작성하여 결제과정을 거쳐 공장장님께 제출 했다.
화학공학을 전공한 저자는 그 당시 철학적 의사결정이란 마음의 씨앗이 자라나고 있던 때라서 기술문제뿐만 아니라, 자기가 책임지고 있는 부서의 모든 업무에 대하여는 정직해야만 공정사고도 예방할 수 있고, 사고의 재발도 예방할 수 있으며, 교육차원에서도 본보기가 될 수 있다. 는 신념 어린 마음을 가지고 있었다.
조사를 받은 지 일주일 정도가 지난 뒤 공장장님 비서에게서 전화가 걸려 왔다. 공장장님께서 찾으시니까 바로 공장장님 실로 올라 오라는 내용이었다.
저자는 바로 공장장님 실로 올라가 공장장님을 뵈었다.
공장장님께서는 저자가 작성한 조사보고서를 돌려 주시며 과. 사무실 기록함에 잘 보관하라고 하시면서, “이번 유황 2중 관 속의 부식사고는 오래 전부터 서서히 진행되어 온 일반 부식으로 그 누구도 예측하기 힘든 사고였다.” 고 하셨다. “앞으로 이 사고를 거울 삼아 더욱 더 심기일전하여 공정사고 예방과 공장발전에 기여 해 주기 바라네.” 하시면서 용서를 베풀어 주셨다.
사회에 배출된 지 처음 당하는 사고였기에 이 사고의 교훈은 정직한 행동과 언행, 그리고 공장장님의 지혜로우신 용서와 배려는 오늘에 이르기 까지 저자의 총체적 공장경영 및 기술관리에 초석이 되었다.
이번 사고로 제4비료공장에서 얻은 교훈과 지혜는 저자가 제7비료공장으로 스카우트 되어 옮겨 온 후에 제7비료공장 황산공장 응용설계에 반영하여 경영개선에 크게 이바지하게 되었을 뿐만 아니라, 인력관리 측면에서도 충분한 휴식이 제공될 수 있도록 하여 회사발전에 현저히 기여하게 되었다.
지금도 종종 그 때를 생각하며 공장장님의 용서와 배려를 떠 올리곤 한다.
‘그 때 만일 저자가 사고조사 때 정직하지 못한 진술을 하였거나, 본인이 작성하는 보고서에

거짓을 담아 보고하였다.' 면 공장장님께서 용서를 베푸셨을까?
자연과학과 공학기술을 다루는 분야에서는 정직한 마음으로 용기 있게 언행일치하며 실행 실천해야 한다. 는 것이 얼마나 귀중하고 중요한지를 마음 깊이 깨닫게 하는 공학철학적 바탕 위에 자리하게 되는 교훈적 공정사고였다.

14. 공학활동을 위한 현장철학

공학활동을 위한 현장철학은 산업분야의 현장생활에서 마음에 깊이 새겨 휴먼에러(Human Errors, 人災)와 산업재해를 예방하고 인명피해와 생태계 파괴를 예방할 뿐만 아니라, 이들을 최소화 하기 위해서 공학철학과 연계 해야 하는 필수 조건들인데 이를 현장철학이라 명명한다.
산업분야에서 현장철학을 이행함으로써, 경영발전에 이바지 할 수 있을 뿐만 아니라, 더 나아가서는 사회·국가의 안전을 도모하고 인류 사회에 공헌할 수 있게 된다.
즉, 공학활동을 위한 현장철학은 아래와 같이 요약된다.

1)공학활동 중에 직면하는 자기 자신과의 싸움에서 이길 자신감이 있어야 하며
2)사물을 대할 때 냉정한 마음을 잃으면 주관적 사고로 흐르게 되어 위험성이 뒤따르게 된다는 사실을 인식해야 하며
3)현장에서 첫 사고가 유발될 때 근본원인(root cause)이 발견되지 않거나, 은폐될 때 더 큰 제2의 인재사고가 발생한다는 현장진리를 마음에 깊이 새겨야 하며,
4)과정을 일부 생략하면 생략된 부분은 다른 과정에 편중되고, 이 편중된 과정은 과부하 현상이 초래되어 끝내 지속성을 상실하게 되며 시간이 흐른 뒤 반드시 대형사고를 유발 시킨 다는 또 하나의 현장 진리를 마음에 깊이 아로새겨야 하며,
5) 조직 구성원들에게 공학활동의 과정을 중요시하는 분위기를 조성시켜 주어야 하며,
6) 보이는 시계바늘 3개와 뒷면의 안 보이는 수많은 톱니바퀴들을 화합의 장으로 함께 볼 수 있는 눈을 가질 때 주위에 조화를 이룰 수 있게 되어 휴먼에러와 재해를 예방할 수 있게 되며
7)공학활동을 위한 현장 생활에서의 각 조직 구성원들의 건전한 마음가짐은 가정을 밝게 하고 그 밝은 가정의 빛은 건전한 사회·국가를 가꿔나가는 데에 초석이 된다는 사실을 재 인식해야 하며
8) 공학활동 중에 발생한 문제의 근본원인 분석과 이 문제 해결을 위해서는 micro와 macro의 눈과 기계적인 카메라의 눈, 그리고 과학적이고 입체적인 사고의 눈으로 근본원인을 찾아내야 한다.

15. 공학활동에서 경계 해야 할 부정적 요인

의사결정을 위한 철학적, 윤리적 판단기준 6가지가 마음을 다스리며 유혹에 빠지지 않도록 해야 할 실무의 핵심적 요소들에 대하여 예를 들기로 한다.
여기서 발생될 수 있는 검은 돈의 유혹에 빠지게 되면 그 순간 입신출세 (立身出世, Success in

Life)의 성장은 멈추게 되고, 불안과 초조 속에 살아가게 된다. Black Money는 살아 숨쉬는 악의 생명체와도 같다.

그 Black Money의 실체는 까맣지만, 실제 움직이는 상황에서는 투명하여 그 주변에 있는 사람들에게 환히 보이며, 부정행위자의 등에 업혀 다니면서도 그 실체의 발자국을 모두 남기게 된다.

그 Black Money는 이렇게 말한다.

우리 둘만 보고 알기에 주위에 아무도 본 사람도 없고 비밀이 보장되는 Money라고 양의 탈을 쓰고 교언영색(巧言令色, Fine words and insinuating countenance)하며 접근한다.

이 시점에서 유혹의 샘에 빠지지 않기 위한 처방약은 '극기(克己, Self-commend) 하는 마음' 과 "의사결정을 위한 철학적, 윤리적 판단기준 6가지"를 실천하는 두 가지이다.

이 두 가지 처방약은 유혹의 샘의 접근에서 완벽하게 해방될 수 있는 99.999%의 효능이 있다.

이 두 가지 약을 투약하면 마음이 평온 해 지면서 철학적, 윤리적 판단기준의 6가지 성분이 인지력과 감성력을 자극하여 올바른 판단을 할 수 있게 된다.

예를 들어 Black Money가 오갈 수 있는 공학활동 기술분야의 실무 중에서 핵심적 요소가 되는 내용들은 아래에 요약 해 본다.

이 내용들은 국가기관, 군 방위산업, 기업체, 산업체, 연구소, 대학/대학원 및 교육계, 그리고 각 조직체 등 국가사회의 전체분야, 산업분야 및 연구분야, 교육분야, 그리고 일반 조직 분야에 걸쳐 모두 적용되는 일반적인 예이다.

'부정행위를 근본적으로 예방할 수 있는 묘약(妙藥, miracle drug)은 공학철학,
공학윤리, 그리고 의사결정의 6가지 철학적/윤리적 판단기준에 해당되는 Three- 카테고리(3-category)를 마음 바탕에 두고 판단기준을 실행 실천하는 것이다' .

공학철학에 바탕 한 '이 판단기준을 실행할 수 있는 극기적 자세만이 부정부패에서 해방될 수 있는 유일한 길이 된다.' 고 본다.

하루 빨리 이 Three-카테고리의 철학 내용들을 도입하여 청소년과 대학생 그리고 우리 각 세대들에게 교육시켜 실행실천 해 나가게 함으로써 그들이 지속적으로 정의롭게 성장발전 할 수 있게 하여 궁극적으로 인류에 공헌할 수 있게 해야 한다.

저자가 40여년동안 국·내외 선진 기업체와 연구소등의 기술진들과 인연을 맺으며 실무(hands-on experiences)를 통해서, 그들과 함께 교류하는 과정에서 몸소 체험하고 터득한 공학철학에 바탕 된 신념 있는 확고한 내용이다.

1)규격(規格, specification)이 정해져 있는 모든 종류의 물품: 규정되어있는 규격을 선택할 때 또는 변경시킬 때 이권(利權, profits and rights)이 개입될 수 있다.

2)선정(選定, selection) 및 평가(評價, evaluation)할 때: 예: 공정(Process), 기술, 타입과 종류, 기종(機種), 기기장치, 가치평가, 등급평가, 손실평가, 재산평가, 자산평가, 능력평가, 기준설정 및 평가, 이익평가, 재평가 등

3)분석방법(分析方法, Analytical Method)을 선택할 때
4)분석결과(分析結果, Analytical Results)를 평가, 조정할 때
5)설계내용 및 조건을 변경(Design Changes)할 때
6)사고조사(事故調査, Incidents Investigation)를 할 때
7)사고내용 및 조건을 변경(Change of Investigation Contents and Conditions)할 때
8)표준계산 방법을 변경(Change of Standard Calculation Method)할 때
9)원단위(原單位, Unit Consumption)를 계산할 때
10)기술 및 영업 제안서(Technical and Business Proposal)를 제출할 때
11)품질 분석서(Quality Analysis)를 만들고 제출할 때
12)성능보장서(Performance Guarantee Test Document)를 준비할 때
13)기기장치 및 부품 수명(Useful Life on Equipment and Spare Parts)을 설정할 때 등이다.

15.1.Three-카테고리 처방투약 후에도 효험이 없는 부정행위자들의 다스림

제3의 전쟁, 즉 기후변화에 따른 자연재해(自然災害, Natural Disasters), 휴먼에러 (human error, 인재, 人災)에 의한 산업재해(産業災害), 부정부패에 의한 부실과 취약성, 그리고 의사결정권자 들의 무능과 비전문적인 판단 오류가 빚어내는 재해와 재앙 등을 말한다.
제3의 전쟁을 몰고 올 대한민국의 존립(存立)을 위태롭게 하거나, 국가의 존망(存亡)을 걸게 하는, 그리고 국가가 존재하느냐 멸망하느냐의 절박한 상태를 불러오게 한 부정 행위자 들에 대하여는 지위고하를 막론하고 새로 개정해야 할 해당 법에 따라 법정 최고형으로 다스려야 한다. 고 본다.
왜냐하면, 이 제3의 전쟁을 불러 온 소수 집단의 해당자들의 생명보다는 우리 대한민국의 5천만 국민의 생명이 우선하기에 이렇게 판단하는 것이다.
한번 생각 해 보기로 하자.
이 제3의 전쟁 결과는 제일 먼저 여성과 어린아이들과 임산부들에게 치명타를 입히게 되며, 후세에 종족 보존의 기회를 박탈하게 하는 총성 없는 무서운 전쟁이다.
부정행위를 근본적으로 예방할 수 있는 위에서 언급한 묘약(妙藥, miracle drug)을 투여하고 접종하였으나, 효험이 없는 부정행위자들은 예외 없이 책임 추궁하여 반드시 법의 심판을 받게 해야 한다.

Engineering

Philosophy

2장 휴먼에러와 기기장치의 Life Cycle

(휴먼에러: Human Errors, Man-made disasters, 人災)

1. 공학활동에서 Human Errors 예방과 최소화

기존 가동 공장이나 연구실에서 Human Errors(人災)가 발생할 경우에는 다음과 같은 조건 등의 주워진 다양한 상황여건에 따라 그 피해 범위는 사고일발 아차 사고(near miss, near accidents), 대량인명손실사고, 자산손실사고, 환경 오염 및 파괴손실사고, 그리고 기본설계사와 상세설계사의 명예실추로 사업성 중단 사태 등을 동반하게 된다.
이 Human Errors의 결과는 돌이킬 수 없는 국민의 슬픔으로 이어져 국가 사회의 존립을 위태롭게 하거나 지속적 발전을 저해하게 된다.
따라서 제반 설계 시에 Human Errors에 대응할 수 있도록 핵심요소들을 반영해야 하고, 기존 공장 운영에 있어서는 공학철학적 바탕에서 반드시 의사 결정해야 한다.
위에서 언급한 조건은 다음과 같다.

- •폭발성 및 위험성 물질 제조/취급 공정,
- •공장 및 시설의 Layout 설계결함,
- •공정 제어설계의 결점,
- •기기장치구조 및 바탕설계의 미흡,
- •기존공장의 불완전한 상태 유지,
- •규격결정의 오류 및 부정,
- •기기장치의 수명(useful life) 설계 취약성,
- •기기장치의 재질선정 설계의 과실(fault),
- •기기장치 및 시설의 유지보수 소홀,
- •의사결정권자의 공학철학적 판단오류 등.

2. Human Errors의 근본원인 분석

2.1. 대학, 대학원, 학계 교육 측면에서의 Human Errors

대학 및 대학원 교과과정(Curriculum)에서 필수 교과목 선정 기피 및 탈락

1)Ex: •공학철학, 공학윤리 교과목 탈락
•수강생이 배우기 어렵다고 하소연한 필수 교과목 탈락 등

2)교과과정의 강의교재 선택 부적절

3)강의범위 및 내용이 불충분(폭넓고, 깊고, 정확하고, 그리고 세밀하지 못함)

4)실질적 경험(hands-on experience)을 통한 이론 강의 접근의 한계성

5)총체적 공학/공정응용 안전설계상의 제반 핵심내용들의 통합성의 한계성

6)사고조사 분석 접근의 부 정확성으로 사고재발

7)사고조사 위원회의 구성 위원 선정의 불합리 및 부 적격자 선발

8)의사결정에 대한 6가지 철학기준 설정 교육 미흡, 등

2.2. 기업체/연구소 및 사회 조직체의 경영측면에서의 Human Errors

1)경영진의 공학철학과 공학윤리의 의식수준 미흡
2)의사결정을 위한 철학적/윤리적 판단기준 6가지 미 준수
3)공학철학과 공학윤리에 역행하는 의사결정
4)신상필벌 규정의 미 준수 및 불 이행
5)대학의 공학철학 및 공학윤리 교과목 미 이수자가 선발
6)규격(Specification)설정에 전문성 취약
7)기기장치 및 부품의 수명(Useful Life)관리 및 잔존수명의 오판
8)전문성 결여 임원 및 최고경영자 등용 배치로 의사결정의 오판
9)철학적 Leadership 결여 자를 요직에 배치
10)대화단절 및 닫힌 마음으로 인한 의사소통의 부재
11)경영관리의 단편적 관점에서 기인된 오판
12)의사결정 시에 편협 된 마음으로 일방적 판단
13)변덕스러운 마음으로 수시로 의사결정을 변경
14)제반 소양, 안전, 기술 교육관리 소홀
15)불공정 인사관리: 전문 인력 배양 및 조직 인사관리의 부적절
16)교만함과 자만심: 독단적 판단 및 규정 미 준수로 의사결정 오판
17)부실운영: 관리규정 준수 및 적용의 미흡 및 소홀, 등

2.3. 공학 측면에서 Human Errors발생의 핵심영역 분석

아래 핵심영역에서 Human Errors를 내포할 경우에 그 후유증은 지속적으로 사고 (incidents)를 유발하게 된다.
따라서 공학철학에 바탕 하여 이 영역에 잠재되어 있는 Human Errors를 완벽 하게 제거 해 나가야 한다.
Note: 다시 한번 강조하지만, 이 분야에 대하여는:
지식을 바탕으로 정직하게 추구하며 세밀하게, 그리고 정확하게 알고 검토해야 하며, 검토 중에 과정을 중시하며 그 어느 과정도 생략해서는 안 된다.
뿐만 아니라, Micro와 Macro의 시각과 차원적 핵심적인 요소들을 가지고 다각적으로 전 과정을 총체적으로 폭 넓고 깊이 있게 그리고 세밀하고 정확하게 파악하며 전체를 심사 숙고하여 생각해야 한다.

1)Project feasibility study
2)Plants layout planning
3)Engineering and project study in detail
4)Design philosophy
5)Education and in-plant training
6)Plant overall planning
7)Planning and works for plant construction
8)Pre-commissioning
9)Commissioning
10)Trial test operation
11)Initial startup and production normalization

12)Overall production and maintenance activities
13)Safety review and auditing on the overall system and process
14)Useful life measurement of whole equipment and facilities
15)System modification and revision
16)System retrofitting
17)Upgrading of system and process
18)System improvement
19)System automation
20)Process de-bottlenecking
21)Plant expansion
22)Environmental investment

23)Purchasing and procurement
24)Facility and plant maintenance
25)Good housekeeping
26)Clean production
27)Scraping of systems and plants

2.4. 공학측면에서 Human Errors를 예방하기 위한 단계(stage)영역 분석

모든 Human Errors는 아래에서 보는 바와 같이 프로젝트 초기단계에서부터 최종 단계에 이르기까지 전 과정에서 체계적으로 완벽히 제거되도록 세밀하게 관리 해 나가야 한다.
이 단계들 역시Human Errors를 내포할 경우에 그 후유증은 간헐적으로 지속적 사고(incidents)를 유발하게 되어 인재(人災)로 인한 재해(災害)를 불러 오게 된다.
공학 프로젝트 측면에서 Human Errors를 예방해야 할 각 단계(stage)는 다음과 같다.
Note: 다시 한번 강조하지만, 이 분야에 대하여는:
지식을 바탕으로 정직하게 추구하며 세밀하게, 그리고 정확하게 알고 검토해야 하며, 검토 중에 과정을 중시하며 그 어느 과정도 생략해서는 안 된다.
뿐만 아니라, Micro와 Macro의 시각과 차원적 핵심적인 요소들을 가지고 앞에서와 같이 다각적으로 전 과정을 총체적으로 폭 넓고 깊이 있게 그리고 세밀하고 정확하게 파악하며 전체를 심사 숙고하여 생각해야 한다.

1)In the project evaluation and feasibility stage
2)In plant overall planning stage
3)In the basic engineering and design stage
4)In the detailed engineering and design stage
5)In the final design stage
6)In the preparation stage of operating manual
7)In the philosophic education and in-plant training stage
8)In the raw materials purchasing stage
9)In the procurement stage
10)In the plant construction planning stage
11)In the construction working stage
12)In the pre-commissioning, commissioning, process tuning and Mechanical completion stages
13)In the care and custody stage
14)In the trial run stage

15)In the initial startup stage
16)In the performance guarantee test stage
17)In the continuous long term production stage

2.5. Human Errors에 의한 사고진행과 H.W. Heinrich Principle

A) 사고진행 (Incidents Progress)

Human Errors는 산업현장에서 제반 여건에 따라 아래 과정에서 보는 바와 같이 Risk 로부터 발생하기 시작하여 최종적으로 인류 파괴에까지 영향을 미치게 된다.

1)위험한 상태(Risks)
2)사고(Accidents and Incidents)
3)재해(Disasters)
4)인간 및 생태계의 파괴(Destruction on human beings and ecosystem)

B) H.W. Heinrich 원칙 응용

산업현장에서 처음 나타나는 Risk현상(Near misses)이 기술적으로 원인분석, 해소되지 않고 지속적으로 쌓여져 300건에 도달하게 되면 작은 사고(Minor injury incident)가 발생하게 된다. 이 때 이 작은 사고의 근본 원인을 분석, 해결하지 않고 방치한 결과 29건에 도달하게 되면 그 후 대형사고(Serious injury or Death)가 발생하게 된다. 는 원칙이다.
저자에게 이 원칙은 경험과 체험 상으로 견주어 볼 때 경향은 정확성이 입증된 바 있다.
따라서 저자는 이 Heinrich원칙을 준수하며 제반 공장의 공학철학에 바탕 한 안전관리에 응용한다.

2.6. Human Errors에 의한 사고의 직접원인과 간접원인 분석

1.직접원인(Direct Cause): 현장에서 불안전한 행동과 불안전한 상태를 방치한 여건에서 작업할 때 발생한 사고의 원인이다.

2. 간접원인(Root Causes/Contributing Causes):

1) 총괄 관리적 요인:

(1) 최고경영진: ●경영 및 공학철학 개념 결여: •부적절한 적재적소 인사관리, •안전규정 무시, •직원안전 사랑결핍 •협력사 이익배분 불균형 등
●총괄적 안전 정책(Safety Policy) 및 문화(Culture) 부재: •총체적 안전관리 소홀과 무관심, •신상필벌의 불이행 등

(2) 원청 기술공급사(Basic 설계사): ●초기 기본설계 미흡: 설계결함 등

(3) 기술진: ●공학/현장철학 결여
●안전관리규정 및 원리원칙 미 준수

●안전작업허가서(Safety Permit) 미 발행: •해당 핵심내용 미확인
●직원 기술/안전관리 교육 소홀: •기술/안전 집중교육 및 관리
소홀: •후진적/초보적 수준 등
(4) 작업자: ●안전/기술 집중교육 관리소홀: 후진적 수준 등
2)협력사 최고경영진: ●경영 및 공학철학 개념 결여: •안전규정 무시, •직원안전 사랑결핍
•이익배분 불균형
●총괄적 안전 정책(Safety Policy) 및 문화(Culture) 부재:
•총괄적 안전관리 무관심 및 소홀 등
(1) 관리적 요인: ●안전작업허가서 관리 소홀: •안전작업 핵심내용 미확인, •안전작업허가서 미수령 •후진적 무지수준
●안전교육관리 무방비 소홀 상태: •협력사 직원 사전 안전 및 기술 집중교육 관리소홀: 후진적 수준 등
(2)협력사 작업자 개인결함요인: ●불안전한 행동과 불안전한 상태에서 작업 등

2.7. Human Errors 예방을 위한 공학인들의 수행업무 요약

1)신념과 윤리적 행동에 기반하여: 상대방의 문화를 이해하도록 한다.
2)분명한 목표 수립: 그 목표와 관련된 풍부한 자료 수집: 세부성을 가진다.
3)목표 업무내용: 상세하게 서면으로(in writing)제시: 상호이해를 명확히 한다.
4)목표를 계획대로 추진하기 위해서: 다양한 방법 모색: 세부사항 파악에 집중.
5)계획은 실행 가능하도록 수립하고, 계획은 적기에 완성하도록 한다.
6)실행과정에서 예상되는 문제점: 그 해결안을 즉시 계획에 포함시켜 업무수행
7)전문지식은 실제경험(hands-on experience)을 쌓으면서 터득하고, 응용하도록 한다.
8)전문성의 난이로 의사결정이 어려울 때는: 일단 결정을 유보하고, 끈질기게 그 해결안을 찾도록 이론과 실제를 비교분석하며 탐색한다.
9)문제해결이 어려울 때는 해당 전문가들 외에, 다른 분야의 전문가와 인문사회과학을 전공한 전문가들을 공개토의 및 회의에 참석시켜 최선의 해결책과 아이디어/힌트를 얻도록 한다. (상호 전문분야의 융합)
10)업무추진과정에서 수시로 Scenario Study를 하여 최악의 경우에 대비한다.
11)계약서 작성시: 상대 국가와 회사의 문화를 이해: 서로 상반되는 해당사항들을 상술하여 계약내용의 미비로 인해 피해를 보지 않도록 세부 내용들을 모두 포함시키도록 한다.
12)思考를 유연하게 하고, 창의성, 문제 해결력을 위해 다양한 취미와 유머감각을 갖추도록 한다.
13)지성과 감성분야를 동시에 계발하여 전문영역을 확장하고 창의력을 기른다.
14)과정 중심적 思考형, 융합과 종합적 사고형, 창의력 창출형, 토론형, 현장확인 점검 형의

자세를 갖춘다.

15)철학, 문학, 예술 (특히 음악과 미술), 문화 등의 감성영역에 관심을 가지고 지속적으로 자기 계발을 한다.

16)전문지식 습득에 심혈을 기울이며, 창의성 창출과 문제 해결력을 위해 다양한 영역개발에 관심을 가지며, 상호 교류하는 융합형 인재가 되도록 한다. 등

2.8. Human Errors예방을 위한 Y.H.K.'s 근본원칙(Principle)

이 Human Errors예방의 Y.H.K.'s 근본원칙(Principle)은 저자가 40여년간 국·내외 산업현장에서 체험한 Human Errors를 분석 해 본 결과, 그 원인은 근본적으로 아래 내용이 결여된 상태에서 발생한 것으로 판단되었기에 이를" Y.H.K.'s Human Errors 예방을 위한 근본원칙" 으로 국. 내외 학회에 발표, 설정했다.

Human Errors예방은 공학철학, 의사결정 "철학적/윤리적 판단기준 6가지"
(6-philosophic and ethical criteria for decision-making)를 예외 없이 실행 실천하는 것이다.

- 철학적 마인드 유지(Keeping philosophic mind),
- 윤리적 행동(Ethical action),
- 신념 있는 행동(Action in beliefs),
- 정직/양심 있는 행동(Honest/conscientious action),
- 용기 있는 주장과 설득(Emphasizing and persuading in courage),
- 인류에 공헌(Contribution to human beings)

Note: 위에서 Y.H.K.는 저자의 영문이름, YoungHo Kim의 머릿글자 임.

3.Human Error의 최소화 흐름도 (Y.H.K.'s Accidents Minimizing Flow Diagram)

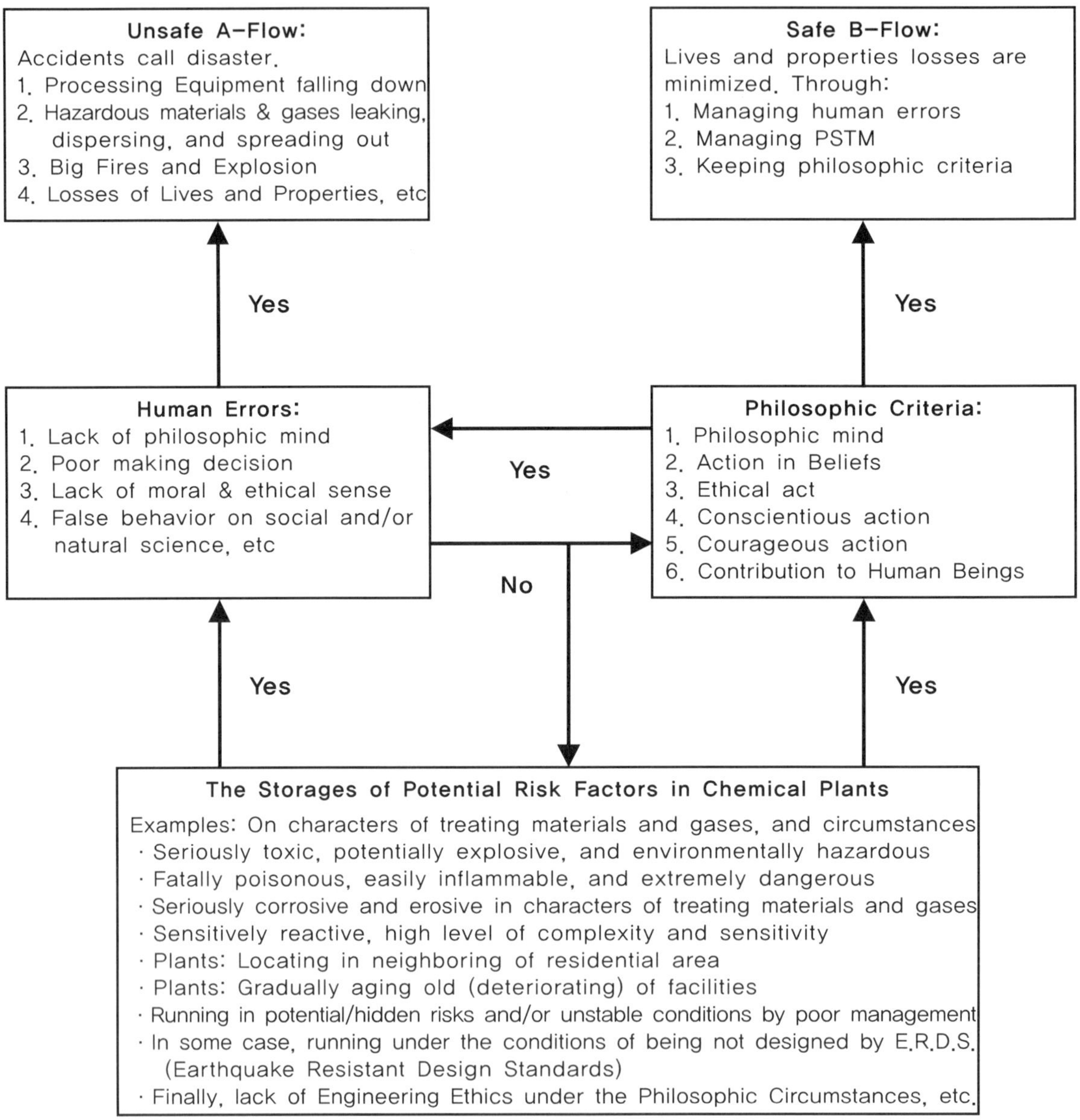

그림 3. Y.H.K.'s Accidents Minimizing Flow Diagram

The left-hand arrowed route above the Storages shown on the bottom box is unsafe flow by Human Errors that call accidents. And the right-hand arrowed route is required safe flow by Philosophic Criteria that protects lives and properties from accidents.
Where, Y.H.K. is initial letter of Author's Name, YoungHo Kim.

4. 기후변화에 따른 산업분야의 위험성 분석

여기서는 공학분야 중에서 Human errors 결과가 가장 위험한 영향을 초래하는 영역인 화학산업과 원자력 산업을 선택하여 공학철학과 연계하여 예로 들고 집중적으로 분석하기로 한다.

현재 대한민국의 원자력발전소나 화학공장들은:

- 고온 고압에서 방사성물질을 취급한다.
- 독성, 휘발성, 폭발성, 위험성이 강한 물질들을 다룬다.
- 가벼운 진동이나 흔들림에 취약한 기기장치들이 가동되고 있는 상태에 있다.
- 지반이 약해질 경우나 진동이 발생할 때 독성 가스를 취급하는 관(管, pipe, duct)들이 균열(龜裂, 금, crack)이 발생하기 쉽다.
- 많은 공장들은 내진설계(耐震設計, Earthquake Resistant Design Standard)기준이 낮게 책정되었거나, 오래된 공장들은 내진설계가 현실에 미흡하게 되어 있는 실정이다.
- 공장 근 거리에는 마을과 거주자들이 많이 살고 있다.

그래서 기후변화에 따른 결과로 이들 공장들이 영향을 받게 되면 자연 재해로 이어져 대형 폭발사고나 화재가 발생하게 되고, 방사성 물질의 확산과 오염, 독성개스가
분출되며, 독극성 오염물질들이 유출되어 수로를 따라 하천이나 강과 바다로 흘러 들어 가게 된다.
이러한 상황이 발생하게 되면 방사성물질의 피폭과 방사성물질의 오염으로 수많은 인명 피해와 생태계 파괴, 그리고 국가적 자산 손실이 발생하게 되어 대재앙의 비극이 초래 된다.
특히 해상에서 지진이 발생할 시에는 쓰나미가 동반되기에, 해안가에 위치하는 원자력 발전소나 화학공장들은 기기장치들이 해수에 잠기지 않도록 신개념 속에 종합공정설계를 최신화하여 대비해야 한다. 기후변화에 따라, 태풍, 폭풍우 (rainstorm), 뇌우(thunderstorm), 홍수, 폭염(暴炎), 혹서(酷暑, heat wave), 게릴라성 폭우, 가뭄, 천둥, 낙뢰, 대기권 오존층 파괴, 설산과 빙산의 해빙, 초고온, 초저온, 화산폭발 등과 같은 현상들도 나타나게 된다.
이러한 현상들이 도래될 때, 대자연의 안전요소들이 파괴되고 상실되며, 지각의 변화, 화재, 폭발, 붕괴, 위험물질누출/확산, 독가스의 분출/확산, 수해 등을 입게 되어 상상을 초월하는 인명손실과 자산손실, 그리고 생태계 파괴등과 같은 대 재앙의 재해를 입게 된다.
이 때 독가스나 독성물질이 바람 방향에 따라 주거지역으로 확산되거나 비산될 경우에는 그 지역 주민들과 생태계는 모두 죽음에 이르러 파멸되게 된다는 사실을 재인식하고 다양한 측면에서 완전무결하게 대비책을 강구 해 나가야 한다.
왜냐면, 이 사고야 말로 바로 물리적 사고가 아니고 화학적 사고의 재앙적 재해의 피해 결과를 불러 오기 때문이다.
여기서 예로서, 가장 잠재적 위험성이 큰 화학산업과 원자력산업의 위험성에 대하여 분석 해 보기로 한다.

4.1. 화학산업의 위험성 분석

우리나라에는 위험물을 다루는 대표적 대단위 석유화학단지들이 울산, 여수, 대산, 3군데에 위치하고 있으며 화학공장 특성상 동해안과 서해안 그리고 남해안 지역에 자리 하고 있다.
이들 대단위 화학단지 내에 위치하고 있는 공장들이 취급하거나 생산하는 제품들은 대부분 독성이 매우 강하며. 극도로 위험하고, 치명적인 독극물이며, 쉽게 인화되고, 반응성이 예민할 뿐만 아니라, 부식성과 마모성 그리고 폭발성이 강하다.
이들 대부분의 공장들은 이미 노후화가 되었거나 아직도 지속적으로 노후화가 진행되고 있다. 이에 반하여 이들 노후 된 시설이나 부품들을 적기에 완전하게 교체하지 않는 상태에서 설상가상으로 각 기기장치와 부품들의 수명을 연장 해 가는 실정이다.
최근에 이르러, 이들 공장들의 사고사례들을 보면 제반 관리에 있어 결함을 보이거나 공장 운영관리에 소홀한 경향을 보이고 있다.
이들 대단위 공장에서 Human Errors로 인하여 위험물질들이 유출되거나 분출될 시에는 대량 인명피해나 자산손실, 그리고 환경적으로 생태계에 미치는 악영향은 상상을 초월하게 된다.
따라서, 이러한 여건상황에서 국가와 사회, 그리고 사업주와 직원들은 무엇을 어떻게 대비하고 준비하며 실행할 것인가를 원점에서부터 새롭게 검토 대비 해 나가야 한다.

4.2. 원자력산업의 위험성 분석

대한민국에서 현재 가동중인 23개의 원자력발전소들은 지정학적으로 볼 때 내부의 Human Errors에 의한 사고나 외부로부터의 군사적 공격이나 테러습격(Terroristicraid)에 의해 타격을 받을 때 그 피해의 결과는 핵전쟁의 재앙을 방불케 한다.
해양지진에 의한 쓰나미의 영향으로 기기장치들이 해수에 침수될 취약성을 보이고
있는 실정이다.
2012년 2월 9일에 발생한 고리 1호기 Blackout 정전사고는 공학 인들이 볼 때 참으로 결코 발생해서는 안 되는 사고였다.
왜 상아탑에서 공학철학을 가르쳐야 하는 지의 절대적 이유이기도 하다.
최근에 나타난 원전비리 사건과 연계된 제어 케이블의 시험성적서 변조와 불량부품공급은 상상을 초월한다.
의사결정권자와 책임자들에게 공학철학과 공학윤리, 그리고 공학적 의사결정의 소양이 결여되어 있다는 사실이 최악의 상황이다.
현재, 울진원전 6기, 월성원전 5기, 고리원전 6기, 영광원전 6기, 모두 23개 원자력 발전소가 가동 중에 있는데 이 중 1개 원전에서 위에 언급한 상황으로 Human Errors가 발생할 때는 일본 후쿠시마 원전 사고와 같은 수준의 재앙적 사고를 불러 오게 된다.

우리 원전기술자(Engineers)들은 위에서 언급한 내용들에서 사고가 발생하지 않도록 대비해야 하며 해외 원자력발전소의 사고와 국내 원자력발전소의 위기일발 아차 사고(near accident, near miss)에서 교훈을 얻고, 이들 중 해당 내용들은 설계에 반영할 뿐만 아니라, 교육에도 응용토록 해야 한다.

5. 자연재해에 대비한 공정응용설계

대단위 화학공장들은 해안가에 위치한 공업단지(Industrial complex)에 해면(Sea level) 보다 약간 높은 곳에 건설된다. 그리고 그 공업단지들은 지진대에 밀접한 곳에 위치 할 수도 있다. 또한, 근접한 거리나 멀리 떨어진 대양에서 지진이 일어나거나 Tsunami 가 발생 할 때에도 그 여파는 시간이 흐른 뒤에 이들 공장이 위치한 곳까지 영향을 미치게 된다.

또한 우리나라도 이제는 지진 발생에 있어 안전지대가 될 수 없다는 것이 지난 20년 동안의 통계로 입증되고 있고, 계속 발생 빈도가 증가 추세에 있다. 이 외에 Typhoon/Hurricane, Flood, Windstorm등에도 응용설계를 대비해야 한다. 또한 이들로부터 자연재해를 불러일으킬 수 있는 요소들을 세밀하게 검토하고 공장 응용 설계에 반영하여 그 피해 범위가 최소화 될 수 있도록 해야 한다. 따라서 우리 화학공학 기술자들은 자연재해 예방을 위한 공장 응용 설계를 지금보다 더 심도 있게 응용보완 해 나가야 한다. 아래의 자연 현상들이 나타내는 자연경고를 자세히 분석하여 공장 응용설계에 반영하도록 한다.

그러면 여기서 자연재해(Natural disasters)에 영향을 미치는 자연 현상에 대하여 살펴 볼 것 같으면 다음과 같다.

1) Tsunami,
2) Earthquake and its Wave,
3) Typhoon and Hurricane Strike,
4) Thunderstorm Winds
5) Windstorm,
6) Rainstorm,
7) Flood/Flash Flood,
8) Fire weather/Wild land Fire,
9) Heat Wave,
10) Volcanic Earthquake,
11) Volcanic Eruption,
12) Weather Events, etc.

5.1. 자연 경고 분석 (Analysis of the natural warnings)

여기서는 상기 자연 현상 중 Tsunami/Earthquake and its Wave에 대하여 예를 들어 보기로 한다. Earthquake에 의한 Tsunami가 발생하면:

1) 해안가의 해면 수위(Coastal waters level)는 불규칙하게 증가하거나 감소하게 된다.
2) 해안선(Coastline)이나 해변가(Seaside)에서 발아래 지각이 흔들리는 현상을 느끼게 된다.
3) 수면 밑의 압력(Sub-surface pressure)의 변화가 나타나게 된다.
4) 밤, 낮 어느 때건 이와 같은 자연현상이 발생하면 기차 또는 항공기와 같은 강한 소음을 내게 된다.
5) 낮은 해안가에서 강한 지진을 느낄 수 있다. 등

5.2. 자연재해 예방을 위한 응용설계

상기에서 언급한 자연현상들로 인하여 그의 여파가 공장에 영향을 미칠 때는 상상을 초월한 연쇄적 재해를 입히게 된다. 예를 들어, 공장 내에 독성이 강하거나 폭발성이 강한 치명적 화학제품이나 약품을 별도로 저장하고 있다거나, 제조공정중의 기기 장치 내에 많은 양의 이와 같은 물질들을 내재하게끔 설계가 되어 있다고 가정해 보자.
만일 위와 같은 자연현상의 여파와 조우하게 되면 그 독성이 강하고 폭발성이 강한 화학제품과 약품들은 유출되어 공장 주변과 이웃 공장에, 그리고 그 주변 생태계에 엄청난 연쇄적 피해를 입히게 된다. 따라서 자연재해를 최소화하기 위한 응용설계를 해야 한다. 아래와 같이 예로 들어 본다.

1) 재해 물질(Hazardous Materials)들의 재고수준(Stock level)과 그의 양(Amount)을 쉽게 제어할 수 있는 제어시스템(Automatic control)을 응용설계에 반영한다.
2) 극도로 독성이 강하거나(Extremely-toxic), 독극물이거나(Poisonous), 폭발성(Explosive)이 강한 물질들은 재고로 저장하지 않도록 한다.
3) 또한 상기에 언급한 물질들을 제조공정 중의 재고(Store in the process unit)의 목적으로 유지하지 않도록 제조 공정을 개발하고 재설계를 하도록 한다.
4) 재해물질 규정(Regulations on the hazardous materials)에 따른 최소 재고수준(Minimum stock level)을 응용설계에 반영한다. 또한 이들 물질들을 공정이나 공장 내의 재고로 얼마의 양을 유지해야 하는 지의 제한수준(Limit level) 을 설정한다.
5) 더 빠른 가동(Faster start-up)이나 더 빠른 가동정지(Faster shutdown)를 위한 공정 재어 기술(Process control technology)을 개발하여 응용설계에 반영한다.
6) 최악의 위험(Risks)이나 손실(Loss)을 최소화하기 위해서 종합 운전조정판(Operating control board)에 비상 전체가동정지(Emergency total shutdown)를 하기 위하여 One-touch push-button을 설치토록 응용설계에 반영한다.

7) 비상 전체가동정지(Emergency total shutdown)가 요구되는 가장 짧은 시간 내에 이뤄질 수 있도록 Operational sequence control system을 개발하여 응용설계에 반영한다.
8) 위기의 비상상태(Critical emergency)에 대비하여 한 번에 비상 전체가동정지를 할 수 있도록 응용설계에 반영한다.
9) 상기에서 언급한 위험물질들을 지진에 대항하여 안전하게 견디어 낼 수 있도록 다음 구조물들을 더욱 보강하도록 한다.
   •Unit structures
   •Process piping system
   •Pipe rack foundation/its structures
10) Electrical switch gear room을 어떻게 보호 할지를 재검토한다.
11) 비상사태 및 재해 응답 시스템이 쉽게 이뤄지도록 응용설계에 반영한다.

5.3. 재해 예방 제어 공정응용설계

앞에서 자연경고분석(Analysis of the natural warnings)을 한바 있는데, 이의 분석 내용들을 해안가 공업단지에 위치한 각 공장에 즉시 자연현상 정보를 주어 공장 측에서 바로 공정제어를 할 수 있도록 응용설계에 반영한다. 여기서는 해안 지진 (Earthquake on the coastal area), Tsunami에 대하여 응용설계에 반영해 보도록 한다. 다음의 내용들을 응답 받아 공정 제어를 하기 위해서는 자연현상 정보를 실시간 즉시 받을 수 있어야 한다.
즉, 종합 운전 조정판(Operating control board) 설계에 다음의 내용들이 실시간 기록되고 나타날 수 있도록 조정판 응용설계에 반영한다.

1) 해안가와 해안에서 발생된 지진의 여파가 지표에 영향을 미치고 있는 지진파(Ground shake)의 정도를 리히터 지진계(地震計, Richter scale)로 Monitoring 한다.
2) 해안가와 해안에서 나타나는 불규칙적인 수위의 변화(Irregular sea-level difference)를 Monitoring 한다.
3) 해안가와 해안에서 기차나 항공기에서 나는 소리와 같은 비정상적으로 들려오는 굉음을 음파 탐지기(Acoustic sound detector)로 Detecting한다.
4) 해안의 수압 감지장치(Sub-surface pressure sensors)로부터 얻은 데이터를 분석한다.
5) Tsunami/Earthquake/its wave의 실시간(Near-real time) 분석을 한다. 상기와 같이 감시 추적 하고 탐지하고 분석 한 내용들을 해안 경비센터의 종합상황판에 실시간 기록되도록 하고, 동시에 공업단지 각 공장에도 기록되도록 한다.

5.4. 내진설계 (耐震設計: Earthquake-proof design)

현재 우리나라는 지진 빈도수가 계속 증가 추세에 있다. 특히 주요 집중관리가 요구되는 공장: 즉, 독성이 강한 화학제품이나 독극물, 그리고 폭발성 화학제품 제조공장 들이 건설될 지역은 반듯이 내진설계(耐震設計: Earthquake-proof design)를 위해 지진계수(Seismic factor)의 설계기준을 리히터 지진계(Richter scale)로 얼마를 설정 할 것인가를 특별히 고려하여 응용설계에 반영한다.

또한 기존 공장들은 독성이 강하고 폭발성이 강한 물질을 사용하거나 공정에서 처리하는 기기장치들의 기초(Foundation)와 구조물의 설계조건을 검토하도록 하고, 내진설계 기준에 미흡하면 이들 기기장치들을 지진에 대비하여 설계보완하고 해당 기기장치를 보강하도록 한다.

6. The 10 Essential Groups을 통한 Human Errors의 대비: Application of Y.H.K.'s 10 Essential Groups for PSTM (Process Safety Total Management)

- Analysis of the 10 Essential Groups, PSTM:
- Total Items Number: Elements: 21, and Managing Cores: 296 or over.

The followings are necessary condition to prevent incidents and solve problems.

Based on PSTM developed by YHKIM:

- Software: Philosophic Decision-making and ManpowerPersonnelManagement.
- Managing 10 Essential Groups, 21 Essential Elements and 296 Managing Cores.

In particular, Manpower Personnel Management is necessary condition.

And it is absolute condition that they should assign a right man in a right post.

Main stream of Managing 10 Essential Groups are analyzed and summarized as follows:

Where, Unit is total items number, and the total items number means "or over".

The 21 Essential Elements for PSTM are analyzed and summarized as follows:

Group 1: Managing Philosophy of Top Managing Group:

Essential Elements: 1) the Philosophic Decision-Making (Managing Cores: 5)

Sub-total: Element: 1 (Managing Cores: 5)

Group 2: Technology, Manufacturing Process and Operation:

Essential Elements: 1) Operation (Managing Cores: 44)

2) Process (Managing Cores: 8)

3) Laboratory (Managing Cores: 11)

4) Process Hazard Analysis (Managing Cores: 21)
5) Management of Changes (Managing Cores: 14)
Sub-total: Elements: 5 (Managing Cores: 98)

Group 3: Symptoms:
Essential Elements: 1) Symptoms (Managing Cores: 52)
Sub-total: Element: 1 (Managing Cores: 52)

Group 4: Education and Training:
Essential Elements: 1) Classroom Education (Managing Cores: 8)
2) In-plant Training (Managing Cores: 12)
Sub-total: Elements: 2 (Managing Cores: 20)

Group 5: Facilities:
Essential Elements: 1) Mechanical Integrity (Managing Cores: 18)
2) Maintenance (Managing Cores: 11)
3) Heavy Equipment (Managing Cores: 7)
Sub-total: Elements: 3 (Managing Cores: 36)

Group 6: Storage and Transportation:
Essential Elements: 1) Storage Farms (Managing Cores: 12)
2) Transportation (Managing Cores: 7)
Sub-total: Elements: 2 (Managing Cores: 19)

Group 7: Hazard Detection:
Essential Elements: 1) Detection (Managing Cores: 9)
2) Monitoring (Managing Cores: 4)
Sub-total: Elements: 2 (Managing Cores: 13)

Group 8: Emergency Management:
Essential Elements: 1) Critical Conditions (Managing Cores: 7)
2) Emergency Planning and Control (Managing Cores: 14)
Sub-total: Elements: 2 (Managing Cores: 21)

Group 9: Safety and Environmental:
Essential Elements: 1) Safety (Managing Cores: 18)
2) Environmental (Managing Cores: 7)
Sub-total: Elements: 2 (Managing Cores: 25)

Group 10: Contractor:
Essential Elements: 1) Contractors Management (Managing Cores: 7)

Sub-total: Element: 1 (Managing Cores: 7)

Total Items Number: Elements: 21, and Managing Cores: 296 or over

Note: 주안점

1)기후변화에 따는 제반 공장의 공정설계 보완

2)공학인 들을 위한 공학철학/윤리의 핵심관리: S-T-E-S-H의 통합

3)Application of Y.H.K.' s 10 Essential Groups for PSTM

4)부정부패의 늪에서 공학인들의 보호

5)3-카테고리(공학철학, 공학윤리, 의사결정)의 실천

6)공과대학/대학원: 교과과정(Curriculum):

•교양 필수 교과목: 공학철학, 공학윤리 교과목 도입, 학점 이수

7)기업체 및 협력업체: 교육 훈련(Education & Training):

•경영진에 공학철학, 공학윤리 개념 이해 및 주입

7. Human Errors를 통한 사회적 제반 사고에서 얻은 교훈

1) 경영 Group 공학철학/윤리경영 결여: •사고 원인 제공, •사회 전반에 불행적/비극적 영향초래

2)경영진의 기업안전문화 수립 및 운영: 미 수립 및 소홀: 구성원들 안전에 대한 구심점 상실

3) 설계결함: •사고원인제공, •인명 자산 손실 유발, •사회전반에 불행적/비극적 영향초래

4) 안전관리규정 및 원리원칙 미 준수: •사고원인 제공, •인명 자산 손실 유발, •사회 전반에 불행적/비극적 영향초래

5)현장철학 결여: •사고원인제공, •공장폭발 사고 초래, •인명 자산 손실 유발, •사회전반에 불행적/비극적 영향초래

6) 협력사(Contractor) 기술수준 취약 및 공학철학 결여: •사고원인 제공, •공장폭발 사고초래, •인명 자산 손실 유발, •사회 전반에 부정적 영향초래

7) 협력사(Contractor) 이익배분 불균형: •기술관리 자격 미달 업체 선택, •사고원인제공, •공장폭발 사고 초래, •인명 자산 손실 유발, • 사회 전반에 부정적 영향초래

8) 부정행위에 의한 조작과 행동: 검은 돈(Black Money, 음성소득)의 유혹 등

8. 기기장치의 Life Cycle (수명주기, Useful Life)

공학활동 중에 공장의 제반 설비들은 아래 내용들을 참고로 하여 해당 부문의 자료들을 총체적으로 수집, 분석하여 응용설계에 반영한다.

기기장치 및 설비 들은 부식(Corrosion), 마모(Erosion), 풀림(Loosening on moving parts)

현상 등에 따라서 수명의 한계에 도달하게 되고, 고장과 사고의 빈도수가 증가하게 된다.
이와 같은 현상들을 응용 설계 시에 소홀히 하여 설계를 하게 되면 공정 기기장치의 가동시간이 점차 증가 함에 따라서 언젠 간 생산 공정 상의 Process Emergency Trouble을 불러 오게 된다.
기기장치의 Life Cycle 관리에 있어 휴먼에러(Human Error, 人災)를 보일 경우에 그 후유증은 바로 공장 Trouble과 사고(Accident)로 이어지게 되고 재해(災害, Disaster)를 부르게 된다.
그 결과는 인명피해와 생태계 파괴, 그리고 사회·국가의 안전을 위기 상태로 돌입하게 한다.
따라서 이와 같은 맥락에서 공학활동에 있어서 기기장치의 Life Cycle 설계 미흡과 부실한 설계관리를 할 경우에 사고발생 가능성은 급격히 상승하게 되어 공학철학의 근본에 역행하게 된다.

8.1.Life Cycle의 분석 내용

아래의 분석 내용들을 참고로 하고, 여기서 얻어지는 자료들을 이용하여 공정 응용설계에 반영하도록 한다.

1.Facility maintaining plan (설비보전계획)
  1) Routine inspection schedule
  2) Preventive maintenance schedule
  3) Annual plant turnaround
2. Facility maintaining management (설비보전관리)
  1) Maintenance history recording
  2) Corrosion/erosion management
  3) 기기장치 관리자료 준비 응용
  4) 노후 기기장치 폐기처분 및 교체관리 내용
3. Preventive maintenance managing (예방정비 관리)
  1) 생산설비의 설계조건과 운전조건의 차이 분석 내용
  2) MSDS/CSDS중의 해당 내용 이해 응용

8.2. Life Cycle 해당 응용부문

1. 해당 공장의 원료(Raw Materials)하역 공정에서부터 고객 사용자 측의 제품 저장 시설까지의 전 공정을 대상으로 한다.
2. 공정 기기장치와 설비상의 주요 해당 사항들은 다음과 같다.
  1) Stationary equipment and facility,
  2) Rotating equipment,

3) Valves and fittings,
4) Control system and safety device system,
5) Interlock sequence and alarm functioning system
6) Instrumentation and electrical, control & relay system, etc

3. Life Cycle 상의 주요 평가 주안점
   1) Corrosion and Erosion,
   2) Stress corrosion,
   3) Electrolytic corrosion,
   4) Carbonated state,
   5) Pitting condition,
   6) Hairline crack state,
   7) Deterioration and Aging Conditions,
   8) Defective condition,
   9) Loosening state, etc.
4. 주요 측정 핵심 부문
   Example: Mainly whole welding area (Inside/outside
   1) Bolting areas,
   2) Flange areas,
   3) Gasket areas,
   4) Corrosion/Erosion Rates and its Thickness Conditions,
   5) Supporting areas inside stationary processing equipment, etc

8.3. Life Cycle 평가의 가이드라인

대부분의 각 해당 공장들은 Life Cycle 평가에 있어 현재 가동중인 기기장치나 설비의 각 해당 부문이나 부품들의 수명과 노후 상태를 주기적으로 점검, 검사를 하여 설계 허용치와 비교하고 있다.

응용설계에 있어서는 이와 같은 해당 공장들에서 실행하고 있는 System에서 얻은 자료들을 수집하여 응용설계에 반영하도록 한다.

대부분의 각 해당 공장에서 실행하고 있는 Life Cycle평가는 다음과 같다.

1. 정상적인 생산조업을 할 때는:
   1) Prepare Check and Inspection List,
   2) Determine and fix the Required Areas to measure,
   3) Measure the Thickness on determined equipment and facility,

4) Calculate Corrosion and Erosion (C & E) Rates,

5) Compare the above C & E rates with Designed Allowance,

6) Save the above data on Maintenance History Card,

7) Anticipate the Useful Life, etc

2. 생산조업 중단 때와 공장 연차보수 때는:

1) Prepare Check and Inspection List in detail.

2) Determine and fix the Inside Measuring Areas.

3) Measure the Thickness on determined areas.

4) 비파괴검사 (N.D.T.: Non-Destructive Testing) 실행

Defective areas를 발견 해 내기 위해서 다음을 실행한다.

(1) Visual Inspection to find out "defective areas" on the direct spot survey,

(2) Liquid Penetrant Test (P.T.) and Dye Penetrant Test to find out "hair line Crack and defective areas,"

(3) Spark Test on lining areas to find out "defective areas,"

(4) Radiographic Test (R.T.); X-ray, Gamma-ray, etc to find out "defective areas,"

(5) Ultrasonic Test (U.T.) to find out "defective areas on S.S. material" and to measure "the thickness of bottom plate of tanks"

5) Collect and analyze all installed "Specimen" to find out corrosion and erosion rates.

6) Calculate Corrosion and Erosion (C & E) Rates through the above analysis.

7) Compare the above C & E rates with Designed Allowance.

8) Observe and examine the "Deterioration/Aging Conditions" of equipment and facility through its overhaul.

9) Compare and analyze the above data with the Collected Data when normal operation.

10) Save the above data on Maintenance History Card.

11) Anticipate "Useful Life" of Parts of Equipment and Facility.

12) Determine the Required Equipment and Facility to do overhaul when Scheduled Shutdown Period and PTA.

13) Determine the Preventive Maintenance Cycle of Each Equipment and Facility through the above analysis.

14) Determine the Periodical Cycle and Maintenance Time of Scheduled Shutdown and PTA of plant to gain optimum condition of plant total production.

15) Fulfill Life Cycle Assessment through the above procedure whenever Plant Scheduled Shutdown and PTA.

Edu
Education

3장 공학철학의 바탕 위에 Vision과 Target

1. 공학철학과 Globalization의 연계 흐름도

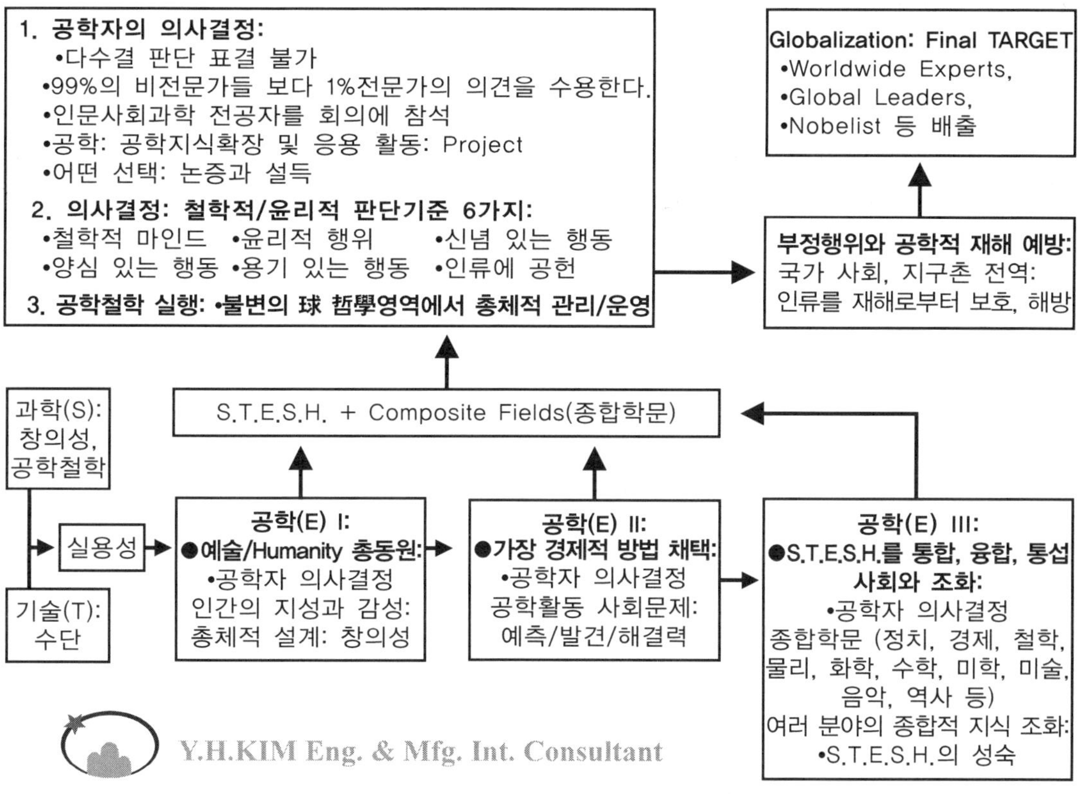

그림 4. 공학철학과 Globalization의 연계 흐름도

1.1 Globalization:

1) Globalization의 추구

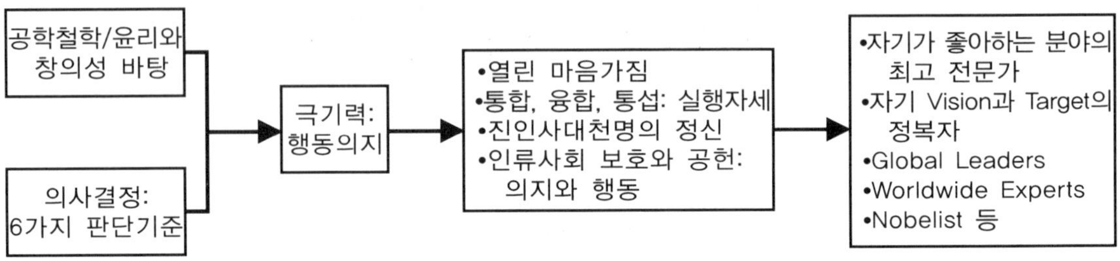

2) 진인사대천명까지 접근하는 정신

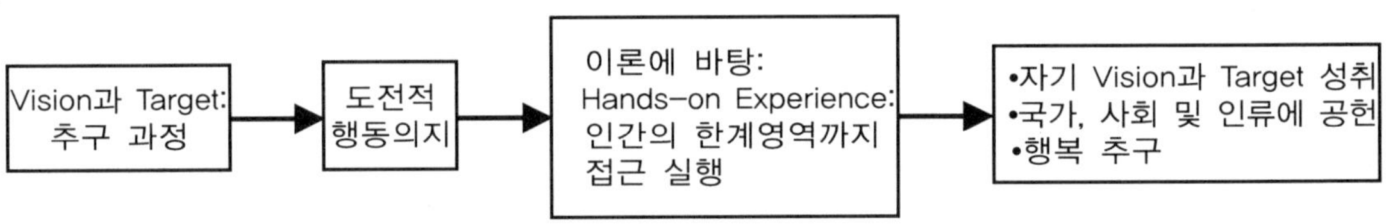

Y.H.KIM Eng. & Mfg. Int. Consultant

그림 5. Globalization: Globalization의 추구 및 정신

1.2. 우리들의 Vision과 Target

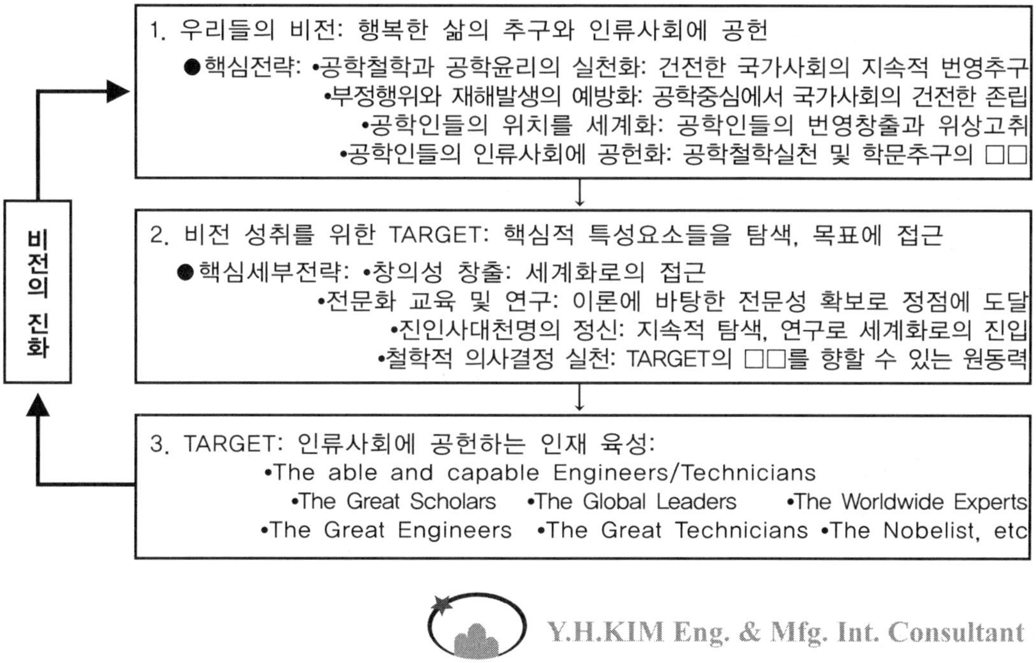

그림 6. 우리들의 Vision과 Target

2. 공학철학을 통한 Vision 과 Target

2.1. 공학의 비전

인류사회에 공헌하는 Humanism이 담긴 학문으로 공학철학과 창의성에 바탕 한 인류사회의 공헌과 행복추구의 삶이 공학의 비전이다.

인류사회의 안전과 행복을 추구하는 역할을 할 인재육성에 심혈을 기울여 이들로 하여금 공학의 비전을 성취할 수 있게 한다.

- 핵심전략:
  1)공학철학과 공학윤리의 실천화: 건전한 국가사회의 지속적 번영 추구
  2)부정행위와 재앙적 재해발생의 예방화: 공학중심에서 국가사회의 건전성 확립
  3)공학인 들의 위치를 세계화: 창의적 공학인 들의 번영창출

4)공학인 들의 인류사회에 공헌화: 정의롭고 Humanity를 품은 공학철학실천과 창의적 학문추구의 정도(正道)

2.2. 비전 성취를 위한 TARGET

공학철학에 바탕 한 창의적 연구와 탐색으로 목표에 진입한다.

- 핵심세부전략:
  1)공학철학에 바탕 한 창의성 창출: 세계화로의 접근
  2)전문성 교육 및 창의적 연구: 이론과 실질적 경험에 바탕 한 전문성 확보로 정점에 도달
  3)진인사대천명의 정신을 가지고 그 영역까지: 지속적으로 창의적 영역을 탐색하고 연구하여 세계화로의 진입
  4)철학적 의사결정의 실행 실천: 공학철학에 바탕 하여 정의로운 正道를 걸어 목표를 달성

2.3. 비전과 Target에 접근한 인재상: 인류사회에 공헌하는 인재 육성

•The able and capable Engineers/Technicians
•The Global Leaders
•The Great Engineers
•The Nobelist, etc
•The Great Scholar
•The Worldwide Experts
•The Great Technicians

2.4. 비전의 순환을 통한 진화발전

1) 공학철학 바탕 위에 창의적 연구 및 개발
2) 차원적 새로운 영역을 탐색하고 개척
3) 미래지향적 비전과 TARGET을 창의적으로 갱신(renewal)

3. 공학철학의 Vision 추구와 Road Map

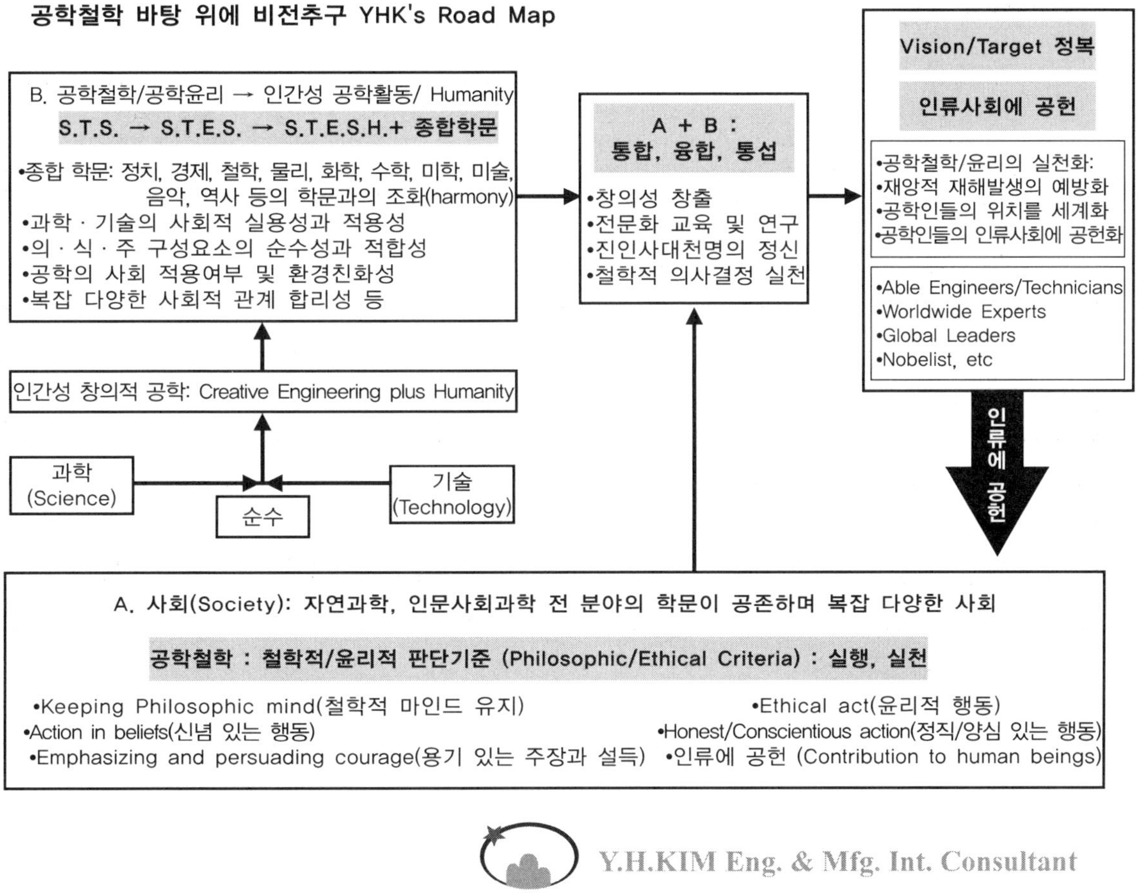

그림 7. 공학철학 바탕 위에 비전 추구 YHK's Road Map

4. 공학철학에 바탕 한 S. T. E. S. H. 교육 학습모형

공학철학에 바탕 한 YHK's S.T.E.S.H.교육 학습모형

S.T.S.의 진화를 통한 S.T.E.S. with H. 의 공학철학적 발전 TARGET, 즉 YHK's S.T.E.S.H. 학습모형은 Science, Technology, Engineering, and Society with Humanity를 의미하며, 이 학습모형의 궁극적 목표는 공학철학을 바탕하여 공학활동의 부정행위와 공학적 Human Errors를 예방하는 것이다.
이들 부정행위와 인재(□□), 그리고 공학적 재해를 예방하여 인명손실 및 자산손실, 그리고 생태계 파괴를 예방하고 최소화하는 데에 그 목적을 둔다.
결과, 이를 실행함으로써 단기적으로는 국가사회의 안전을 도모하여 비상 사태를 예방하고 차단하며, 중. 장기적으로는 인류사회를 보호하고 그들에게 공헌하는 것이다.

S.T.S. (Science, Technology, and Society) → **진화** → S.T.E.S. with H. 의 실용적 성숙단계

Step1. S.T.S.(Science, Technology and Society)의 진화
→ 실용적 성숙단계
Step2. S.T.E.S.H. (Science, Technology, Engineering and Society with Humanity) 실행
→ Human Errors예방 → 공학적 재해 예방→ 인명손실, 자산손실, 생태계 파괴 예방 → 국가사회의 안전 도모 → 비상사태 예방 및 차단 → 인류사회 보호 및 공헌

Note: 여기서 YHK는 저자의 영문이름, YoungHo Kim의 머릿글자 임.

Y.H.KIM Eng. & Mfg. Int. Consultant

그림 8. 공학철학에 바탕 한 YHK's S. T. E. S. H. 교육 학습모형

5. 공학철학의 S.T.E.S.H. 진화발전 Target

공학철학 바탕 위에 YHK's S.T.E.S.H. 진화발전 TARGET

●학문 간의 교류 및 통합(integration), 융합(convergence), 통섭(consilience)

S.T.E.S.H. → 진화 → S.T.E.S.H. plus Composite Fields 교류 및 통합, 융합, 통섭

Step 1. S.T.E.S.H.
→ Composite Fields (종합 학문)와 교류 →
Step 2. S.T.E.S.H. + Composite Fields → 교류, 통합, 융합, 통섭 실행
→ 공학철학 바탕 위에 창의성 발현 → 공학철학의 궁극적 목적 성취

Note: Composite Fields (종합학문): 정치, 경제, 철학, 물리, 화학, 수학, 미학, 미술, 음악, 역사 등

Note: 여기서 YHK는 저자의 영문이름, YoungHo Kim의 머릿글자 임.

● Sustainable Developing TARGET on Engineering Philosophy/Ethics should jointly Protect the 5 Oceans and the 6 Continents from disasters and catastrophes caused By Human Errors.

Y.H.KIM Eng. & Mfg. Int. Consultant

그림 9. 공학철학 바탕 위에 YHK's S.T.E.S.H. 진화발전 Target

공학
철학

4장 공학철학의 영역 확대

1. 세계화의 추구

공학철학과 공학윤리를 바탕 하여 의사결정 사항 6가지를 판단기준으로 삼아 극기하는 힘과 의지를 길러 나가면서 행동의 지표로 삼아 실행 해 나간다면 세계화로의 반석은 조성되게 된다.

이 반석 위에 앎, 즉 지식을 쌓아감에 있어서는 정직하고 세밀하게, 그리고 정확하게 추구 해 나가며 추진하는 과정 중에 전체 과정을 중요시 다뤄야 하며 이 때 그 어느 과정도 누락하거나 생략 해서는 안 된다.

윤리적 생활의 최고 이상에 있어서는 사랑을 바탕으로 선하고 올바르게 실행하며, 더욱 더 공학적 최종 제품의 연구 개발에 있어서는 인간애(Humanity)를 바탕 하여 상기에 언급한 내용들을 통일하여 통합하면 인간의 존엄성을 극대화 시킬 수 있는 가치창출을 할 수 있게 되는데 이 때 추구하는 목표의 아름다움을 찾을 수 있게 된다.

여기서 이들 총체적 과정들을 추진하는 과정 중에 마음은 열려있어야 하고, 추구하는 테마(theme)에 있어서는 추진 과정에 통합, 융합, 통섭하는 실행 자세를 취해야 하며, 목표 달성을 위해서는 진인사대천명까지의 영역에 접근해야 한다.

따라서 이의 결과는 공학철학에 바탕 하여 인재(人災)와 재해로부터 인류사회를 보호하고 공헌해야 한다.

세계화의 목표는:

- **자기가 좋아하는 분야의 최고 전문가**
- **자기 Vision과 Target의 정복자**
- Global Leaders
- Worldwide Experts
- Nobelist **등이 되겠다.**

2. 진인사대천명의 정신

자기의 Vision과 Target을 추구하는 과정에 극기력의 행동의지와 도전적 행동의지를 보여야 하며, 공학철학 바탕 위에 이론에 바탕을 두어 실질적 경험(Hands-on experience)을 쌓아 가며 인간의 한계영역까지 접근하여 실행 해야 한다.

이렇게 진인사대천명의 정신 아래:

- 자기 Vision과 Target을 성취할 수 있게 된다.
- 국가와 사회에 공헌할 수 있게 된다.
- 행복을 추구하게 된다.
- 인류를 재해로부터 보호할 수 있게 된다.
- 궁극적으로 인류사회에 공헌할 수 있게 된다.

3. 공학철학과 창의성의 연계 흐름도

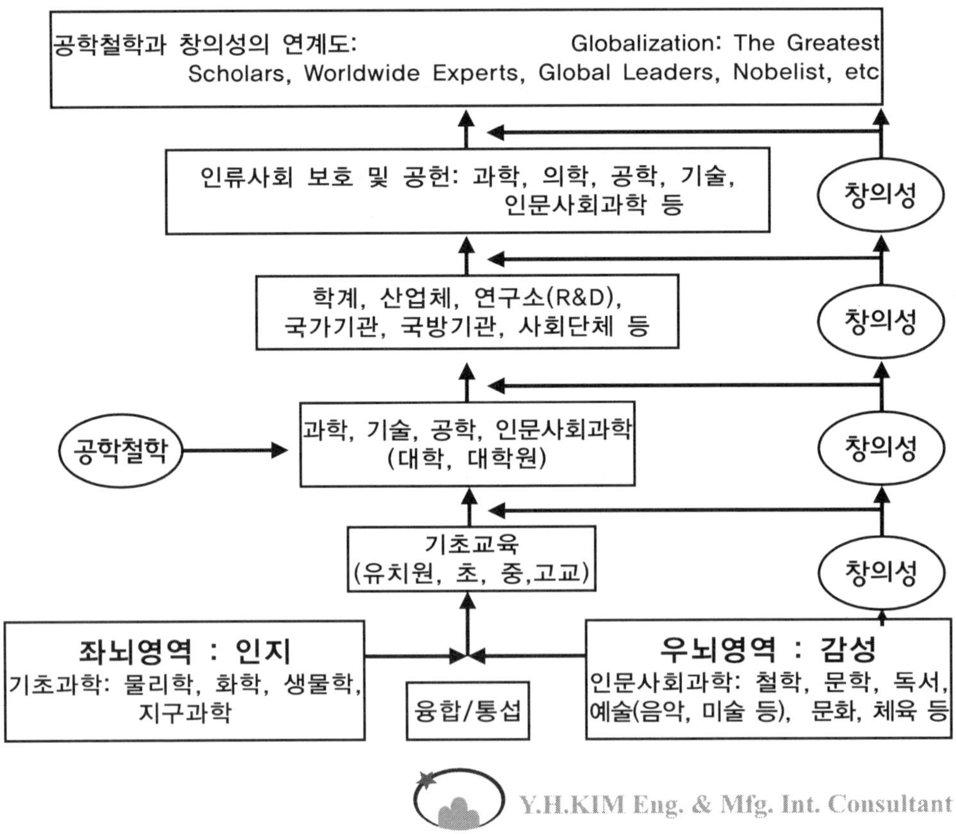

그림 10. 공학철학과 창의성의 연계도

4. 공학철학의 잠재성 개발 및 영역

Vision과 Target의 잠재성 개발 영역

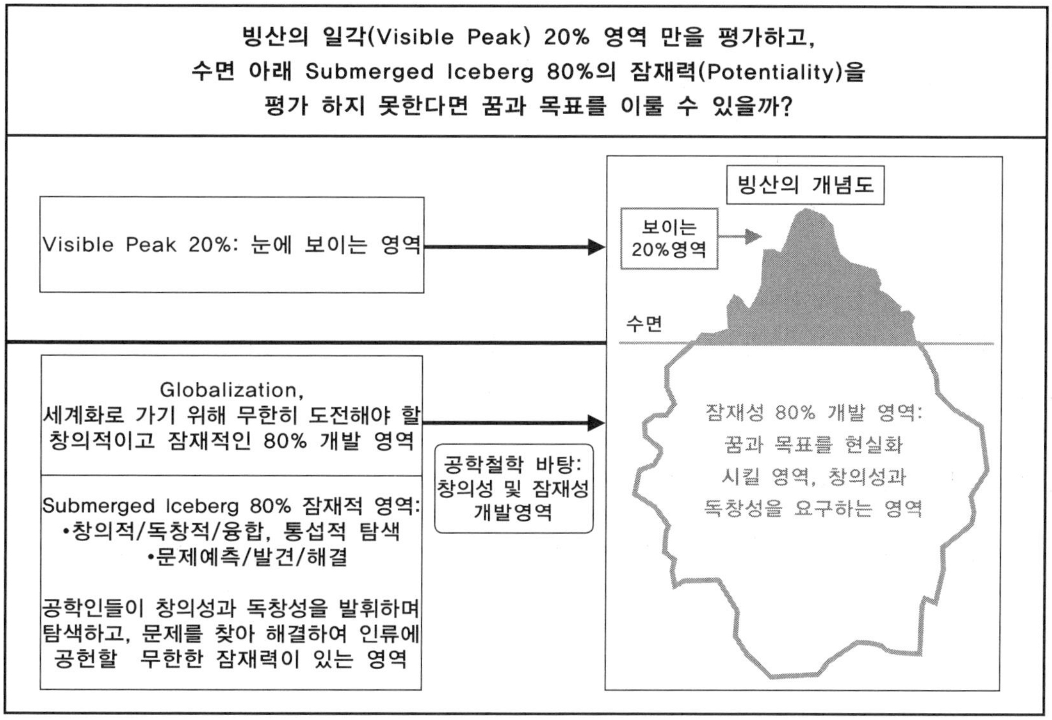

Y.H.KIM Eng. & Mfg. Int. Consultant

그림 11. Vision과 Target의 잠재성 개발영역

우리들은 삶을 영위 해 나가는 일상생활에서 눈에 보이는 영역에 주안점을 두고 그 보이는 곳에서 행복을 위한 꿈과 목표를 찾아 나가는 경향이 있다.

이러한 일상생활에서 행복할 수 있는 방법을 찾아 우리들의 다양한 삶을 풍요롭게 이끌어 갈 수도 있고, 소소한 행복에서 원대한 행복에 도달할 수도 있다.

그러나 미래의 원대한 꿈과 목표가 있는 우리 젊은 세대들은 눈에 보이지 않는 영역의 세계를 탐색 해 봄으로써 행복의 질과 폭을 높이고 넓혀 나갈 수 있다고 본다.

여기서 눈에 보이는 영역과 눈에 보이지 않는 영역의 세계라 함은 빙산의 일각(visible peak of iceberg) 20%와 바다 수면 밑에 잠겨있는 영역 (submerged iceberg) 80%를 의미한다.
빙산의 일각만을 보고 수면 밑에 잠긴 빙산 전체의 규모와 특성을 평가할 수 있을 까?
미지의 세계를 무대로 도전하며 열정과 경쟁으로 꿈과 목표를 향 해 나가기를 좋아하는 학생들은 수면 밑에 잠겨 있는 이 80%의 잠재영역에 호기심과 흥미를 가지고 탐색하며 개발하고 개척 해 나갈 필요가 있다 고 본다.
이 때 꿈과 목표를 향하는 과정을 즐길 수 있게 되며 이 과정의 종착점에 이르러 행복의 규모가 심원하고 크다는 것을 느낄 수 있게 된다.
이 목표지점을 향하는 과정에서 젊은 세대들은 문제점들을 예측하고, 해결하기 위해 독창성과 창의성은 필수요소임을 인식하게 된다.
독창성과 창의성이야 말로 젊은 세대들이 꿈과 목표를 이루며 원대한 행복을 찾아 나가는 데에 원동력이 된다는 사실을 되며 터득하기 바란다.
젊은 세대들이 세계화로 진출 해 나가는 과정에 도전 해야 할 이 잠재된 80%의 개발 영역이 궁극적으로 젊은 세대들이 국제사회에 공헌하기 위해 개척 해 나가야 할 영역이기도 하다.

5.Consulting과 Coaching

공학철학에 바탕 하여 실질적 공학분야를 어떻게 확장 진화 해 가면서 개척 해 나가야 하는지에 대해 탐색 후 총체적 해결방안을 제시할 때 으뜸하여 Consulting과 Coaching을 해 주어야 한다.
공학인들은 고도의 공학지식이 요구되는 산업현장에서 공학활동을 하는 과정에 무수한 문제점들과 조우하게 된다.
이 때 공학철학에 바탕 하여, 근본적 문제해결을 위해 이론에 기반한 창의적 해결방안을 제시해야 한다.
현재로 다가 올 예측되는 문제점이나 당면하고 있는 문제점들의 총체적 해결 방안을 제시할 때 반드시 공학철학에 바탕 하여 그 정확한 해답에 접근 해 나가야 한다.
여기서 Consulting과 Coaching에 대해 다음과 같이 정리한다.

5.1. Consulting

- 이론적으로 접근하여 정확한 해답을 제시한다.
- 가설에 입각하여 객관적이고 논리적으로 접근한 해답을 전달한다.
- 변화된 상황에 대하여 명확한 답을 얻을 때까지 진행과정을 전달한다.
- 문제점이 예측되고 발견될 때 이를 해결하는 과정 중에 애매모호한 내용은 판단유보 하고 지속적으로 그 해결방안을 탐색 해 나간다.

- 공학철학에 바탕 한 정직과 신뢰 위에 철학적 의사결정을 하여 그 총체적 해결방안을 최종적으로 전달한다.

5.2. Coaching

- 그들이 알고 싶어하는 질문을 받는다.
- 공학철학에 바탕 한 해답/해결안을 알고 있을 때, 바로 답을 제시하지 않는다.
- " Yes, but " 과 " What if……? " 의 의사소통 방식을 통하여 그들로 하여금 해답을 찾도록 유도 한다.
- 공학철학에 바탕 한 해답/해결안을 찾을 때까지 그 질문에 끈질기게 메 달릴 수 있도록 정신력을 키워준다.
- 난이도가 높을 때는 중간 중간에 "What if……?"의 조언적 질문을 해 준다.
- 영역을 벗어난 경우에는 인문사회학을 전공한 전문가와 함께 해답을 찾도록 유도해 준다.
- 조언과 방법론을 동원하여 그들 스스로 질문의 공학철학에 바탕 한 해답/해결안을 찾도록 한다.

6. 공학과 인문사회과학의 융합, 통섭

학문간 융합과 통섭: 왜, 학문은 인문사회과학과 융합, 통섭해야 할까?
자연과학뿐만 아니라 사회과학, 제반 산업분야 그리고 창작, 문화, 음식 등의 생산 창출을 위한 활동분야라면 예외 없이 지속적 발전과 진화가 요구된다.
소멸되지 않고 끊임없이 진화하기 위해서는 창의성을 모색하여 현재의 활동분야에 접목시켜 개발 해 나가야 한다.
이 때 해당 분야의 지속적 발전과 진화를 위해서 그 분야에 도약(jumping)을 할 수 있는 모멘트(계기, 요소, momentum)를 불어 넣어 주어야 한다.
이 모멘트를 찾기 위해서 제반 활동분야는 창의성을 개발 해 나가야 한다.
이 창의성 개발을 위해 모든 활동분야는 인문사회과학과 융합해야 한다.
그러면 아래와 같이 융합의 타당성을 전개 해 나가기로 한다.

6.1. 인문사회과학 영역의 가설-연역 추론 도입

인문사회과학의 가설-연역 추론이 사고조사(Accident Investigation)에 얼마나 중요한 역할을 하는지 그 예로 저자의 논문: "가설-연역 추론을 기반으로 한 대단위 화학공장들의 공정사고조사"를 바탕으로 하여 생각 해 보기로 한다.
인문사회과학을 공학과 융합하여 대단위 화학공장에서 발생하고 있는 공정사고 조사를 하는 과정에 체계적이고 논리적인 가설-연역 추론을 도입하여 재 조명시켜 보면 확실한 근본원인을 찾을 수 있게 된다.
제반 사고조사의 내용들을 살펴보면 대부분 그 원인에 대한 다양한 가설들을 내세우는데 문제가 있었다.
다양한 가설에 의해 계획된 내용들은 대부분 설계변경이나 보완, 그리고 시스템 개량에 적용할 경우에 확실한 근본원인을 찾아 내지 못할 뿐만 아니라, 투자 비용도 증가하게 되고, 또한 사고원인도 부정확하게 이루어 진다.
그러므로, 사고의 재발이 높아 질 뿐만 아니라, 그 규모에 따라 인명손실에 의한 재해(災害)가 많아 지게 된다. 또한 다양한 가설로 인해 투자를 늘리게 되므로 원가부담을 안겨주게 된다.
따라서 '이러한 확실치 못한 다양한 가설들을 미연에 방지하고, 확실한 가설을 정확히 선택하여 제반사고의 근본원인을 찾아 내기 위해서는 인문사회과학의 가설-연역의 논리적 추론을 일반 사고조사에 도입할 필요가 있다. 고 본다.

6.2. 인문사회과학의 가설-연역추론 응용

가설-연역 추론을 도입하여 연역으로 가설의 진위를 가리고, 귀납으로 그 확실성을 높여 나가며, 이에 유비귀추로 가설을 확장/생성하는 논리를 제반 사고조사에 응용하여 정확성을 높임으로 사고의 근본원인을 밝혀낼 수 있다.
산업현장의 기술자들은 오랜 경험을 통하여 많은 자료들을 확보하고 있지만, 막상 사고가 발생하게 되면 그 원인규명의 핵심이 되는 근본원인을 논리적이고 가설-연역 추론에 바탕 하여 찾아 내기에는 한계가 있다. 고 본다.
그들 나름대로 가설을 세워 경험과 이론에 비추어 그 근본원인을 찾으려고 접근 해 보지만, 인문사회과학의 논리와 추론에 이르지 못함으로 정확한 결론을 얻기가 어렵다.
따라서, 인문사회과학의 논리적 가설-연역추론의 이론을 공학에 융합시켜 제반 사고 조사에 응용해 나간다면 정확한 근본원인을 찾을 수 있다. 고 본다.

6.3. 화학공장 폭발사고에서 인문사회과학을 융합한 근본원인 분석 사례

1) 폭발사고내용: 질화물질 축적에 의한 활성탄 흡착탑 폭발
2) 인문사회과학의 논리적 가설-연역 추론의 이론을 도입하기 전:
   2.1) 사고요인분석: 폭발가능성이 높은 것부터 아래와 같이 나열하여 분석함
   - 정전기에 의한 폭발
   - 분해온도 저하에 의한 폭발
   - 불안정한 질화물질 누적에 의한 폭발
   - 폐황산에 의한 유기물들의 불안전한 분해로 인한 폭발

2.2) 대책: (1) 활성탄 흡착탑에 9가지의 공정설계보완
(2) 추가로 11가지의 취급 방법을 개선하기로 함

2.3) 사고요인분석 및 대책내용 해석
•가설설정형태의 논리적 접근방법을 시도하지 않았음
•분석내용이 사고의 가능성만 제시하고 있음
•폭발가능성에 대한 내용들을 모두 채택하여 시설설계보완 함으로 경제성을 고려하지 않고 원가부담을 상승시킴

3) 인문사회과학 영역의 논리적 가설-연역 추론의 이론을 도입한 후:

3.1) 논리적 이론 도입:
•논리적 가설-연역법의 이론 도입
•Lawson의 과학적 탐구 추론모형 도입
•조사탐구활동 모형 도입

3.2) 폭발사고의 근본원인을 찾기 위한 주 가설과 보조가설 설정
•주 가설 설정: "운전조건을 질화물질의 분해온도 이하로 유지하면, 폭발은 발생하지 않을 것이다." 라고 주 가설을 설정한다.
•보조가설 설정: "정전기가 발생할 수 있는 요인을 제거하면, 질화물질은 분해되지 않을 것이다. 라고 보조가설을 설정한다.

3.3) 주 가설과 보조가설을 만족시키기 위한 실행:
아래와 같이 근본원인은 2가지가 있다.
1)주 가설을 만족시키기 위해서, 흡착 탑 내부의 질화물질이 항상 분해온도, 250℃ 이하로 유지되게 하기 위해서, 흡착 탑 내부를 물로 채워져 있게 한다.
2)보조가설을 만족시키기 위해서, 흡착 탑 받침대(Support)에 접지선 (Earth line)을 설치한다.

6.4. 인문사회과학 영역의 논리적 가설-연역 추론을 공학에 도입한 결과

사고조사에 있어 가설-연역의 논리적 추론을 도입하여 연역으로 가설의 진위를 가리고, 귀납으로 그 확실성을 높여 나가며, 유비귀추로 가설을 확장/생성하는 논리를 적용함으로써, 가설의 확실성을 높여서 논리로 공정사고의 근본원인 2가지를 찾게 되었다.

7. 학문간 응용설계 교류 (예: 원자력공학과 화학공학 간의 응용설계 교류)

우리들은 일본열도 후쿠시마 대지진에서처럼 원자력발전소가 지진, 쓰나미로 파손되고 인류에

악 영향을 미치고 있는 사례를 보았다.
Human Errors(인재, 人災)로 인하여 이러한 사례가 여러 나라들에서 일본에서와 같이 각 대단위 공업단지나 원자력 발전소등에서 연쇄적으로 독가스나 폭발성 가스, 그리고 방사성물질이 유출되는 화학적 천재지변으로 이어진다면 대재앙을 부를 것은 자명한 일이다.
따라서, 국가는 이런 상황과 조우하게 될 때, 국가존립의 위기 상태에 돌입할 수 있게 된다는 명확한 사실을 인지하고 유비무한의 정책을 개발 해 나가야 한다.
이 같은 대재앙으로부터 대기 중으로 확산되는 독가스, 폭발성가스, 방사성 물질, 그리고 수질을 지속적으로 오염시키는 독극물 및 발암물질 등으로 인하여 대량 인명손실은 말할 것도 없고 동. 식물 계의 피해와 재해 및 파괴로 입을 국가적 손실은 그 누구도 책임질 수 없는 상황에 이르게 되며, 그 피해 규모는 상상을 초월하게 된다.
이에 따라 국가의 각 해당부처와 학계에서는 상기 상황의 화학적 천재지변으로부터 입게 될 이들 손실을 최소화 하기 위해서 아래 해당사항들에 대하여 긴급히 대비책을 강구하고 실행에 옮겨야 한다.

7.1. 위험시설 기기장치 비상정지 예방

1) Utility 계통 및 위험시설, 그리고 독극물 중화시설 등과 같은 시설에 소속되어 있는 회전기기장치들이 자연재해 등으로부터 비정상 정지되지 않도록 예방하기 위해서 고성능의 비상발전기/비상발전 System을 Stand-by와 함께 여러 기를 쓰나미 대비 안전한 위치에 갖추도록 한다.
2) 이에 더하여 Cooling Water System도 자연재해 및 그 어떤 조건에서도 원활히 가동될 수 있도록 엄격한 설계조건에 따른 기기장치를 선택하여 설치하도록 한다.
3) 이들 System들의 Stand-by에 대하여는 일정 주기로 점검, 시험 가동을 하여 비상시에 즉각적으로 가동될 수 있도록 대비한다.
4) 특히 이들 System들이 자연재해 시, 그 어떠한 피해도 받지 않도록 위치선정에 완벽해야 하며, 내진설계/쓰나미 대비에 Perfect해야 한다.

7.2. 인력 관리

1) 인류의 안전과 행복을 위해서 공학철학과 윤리에 바탕 하여, 외부기관의 압력에 흔들리지 않고, 의사 결정할 수 있는 최고경영자를 영입하여 회사를 운영토록 한다.
2) CEO 영입/승진, 임 · 직원 선발에 있어서는, 반드시 소양(철학, 윤리, 신념, 양심)을 갖춘 인재들을 받아드리고 예우/대우를 해주도록 한다.
3) 관련 학문간에 융합을 하여, 기본설계에 있어 사각지대나 누락/미비 되는 Parameter들이 없도록 한다.

4) Human Error 예방을 위해서 인간이 관리할 수 있는 최대 영역까지 consideration하여 기본/상세설계에 반영하고, 해당직원들을 교육시킨다.
5) 비상 시에 Human Errors, 인재(人災)로 인한 돌이킬 수 없는 제2,3사고가 연쇄적으로 발생하지 않도록 총체적 기술 인력 교육관리에 최 우선을 둔다.
6) 관련 있는 학문과 실제경험을 고루 갖춘 해당 관계자들을 Project에 참여시킨다.

7.3. 지진대비

1) 일본 대지진에서 나타난 설계결함들을 우리나라 원자력발전 및 대단위 공장들의 설계개념과 규격에 비추어 응용 보완하도록 한다.
2) 기존의 대단위 공업단지내의 공장과 원자력 발전소에 대하여는 Utility System과 각 회전기기 장치류와 공정시설의 취약상태를 정밀 진단하여 선진국 수준의 내진설계기준으로 강화 보강해서 미약한 진동으로부터도 이들 회전기기장치들이 비상가동정지 되거나 붕괴되지 않도록 한다.
3) 공업용수 저장시설은 각 단지 내 공장들이 비상시에 최소한 3일 이상 사용할 수 있는 저장시설을 갖추도록 하고 비상시에 대비하여 각 해당 저장시설들을 공동 사용할 수 있도록 단지간 공동배관설비류를 갖추도록 한다.
4) 위험성이 높은 공장들은 비상시에 비상가동 정지를 현재보다 더 빨리 할 수 있도록 비상조업정지 회로시스템을 개발하도록 한다.
5) 그리고 공정상 독극물 재고가 공정에 머물지 않도록 공정시설을 개조한다.

7.4. 쓰나미 대비

우리나라 해안선에 건설된 원자력발전소 및 중화학공장 단지들은 그 토대 높이가 Sea Level 기준하여 대략 5m로, 쓰나미에 아주 취약한 낮은 지역에 위치하고 있다.
이를 감안하여,

1) 자연재해 쓰나미의 예고에 따른 대비책으로 해안선 바닷물 높이의 이상 증가와 낮아짐을 경고할 수 있도록 곳곳에 경고 시스템장치를 설치한다.
2) 해안선 및 해안가 물밑바닥의 진동 및 흔들림을 탐지할 수 있는 탐지 경고 시스템을 요소 요소에 설치한다.
3) 해안가의 물 높이에 따른 수압변화의 이상유무를 감지할 수 있는 수압변화 감지 경고 시스템을 요소에 설치한다.
4) 또한 해안가에서 발생하는 파도소리의 이상한 노호소리 감지 시스템을 요소 요ㄸ소에 설치한다.
5) 그리고 더욱 중요한 것은 해안가 높은 곳에 해안 지진 및 쓰나미 감지 및 통보 센터를 바닷가 요소에 설치하여 상기 탐지 내용들을 각 공업단지와 발전소에 실시간 온라인 전파로 긴급 통보

할 수 있게 하여, 그들로 하여금 긴장하며 미리 위기상황에 대처하도록 정보망을 구축한다.

8. S. T. E. S. H. 실현과 인류사회 공헌

S.T.S. (Science, Technology, and Society), 즉 과학과 기술은 사회에 안전을 보장하고 공헌해야 한다는 기존의 S.T.S.의 바탕은 Y.H.K.'s S.T.E.S.H. (Science, Technology, Engineering, and Society with Humanity)의 실질적 성숙단계로 진화하여 인간적으로 인류사회에 공헌해야 한다.
이의 목적을 달성하기 위해서는 S.T.E.S.H.에 Composite Fields, 종합 분야(정치, 경제, 철학, 물리, 화학, 수학, 미학, 미술, 음악, 역사 등)가 응용, 융합, 통섭되어야 한다.
과학과 기술은 선행(good deed)과 인류애(humanity)를 바탕 하는 공학(Engineering)의 터전 위에서 사랑을 머금고 발전하여 지속적으로 인류사회에 공헌 해 나가야 한다.
따라서, 과학 기술 인들이 S.T.E.S.H.를 실현할 때 비로서 인류사회에 공헌할 수 있으며, 이에 기반하여 인류사회는 공존할 수 있게 된다.
Note: 여기서 Y.H.K.는 저자의 영문이름, YoungHo Kim의 머릿글자 임.

5장 공학철학 결여에 의한 사고 사례

1. 드라마일 아일랜드(TMI) 원자력발전소 사고

- 2차 계통 급수펌프 고장 긴급정지(Trip)
- 가압기 압력방출밸브 고장으로 열렸(open)다가 닫혀(close)지지 않음
- 비상급수계통의 밸브를 잠궈(close)놓고 운전, 비상급수 공급지연
- 비상 노심 냉각용 안전주입계통이 자동으로 가동했으나 운전원이 이를 정지
- 냉각제펌프 온도상승으로 심한 진동 발생, 운전원이 펌프를 정지시킴
- 노심 용융 초래(운전원의 판단 오류와 실수, Human Errors)
- 연료에서 빠져나온 방사성물질이 격납용기 건물 내로 대량방출(모든 방사성물질 격납용기 건물 내에 밀폐됨)
- 사고 초기에 대량의 오염된 물을 격납용기 건물로부터 밀폐되지 않은 보조건물로 펌핑(pumping)한 것은 운전원의 실수 (Human Errors)
- 운전원 오판, 실수, 계기 오작동, 안전규칙 위반, 직무수행능력 부족, Human Errors
- 감독자/관리자들의 조업 위기관리 직무수행능력 부족, Human Errors
- 최고의사결정권자의 비상 위기 대처능력의 한계 등

2. 체르노빌 원자력발전소 사고

- 조업현황: 원자로 정기실험과 보수작업 계획 중
- 원자로 실험과 Turbine 의 Rundown 실험: 출력목표 20만 KW로 시도하였으나 실수(Human Errors)로 7만 KW로 하강. 다시금 20만 KW로 가동률을 올리려 하였으나 시간이 오래 걸릴 것 같아 자동제어 조작 대신에 수동조작으로 변환함.
- 노심 안에 있는 30개 제어봉 중 7~8개만 남겨 놓고 나머지를 뽑아 냄 (출력을 빨리 올릴 목적 시도: 규정 위반)

•이러한 비정상상태에서 실험 강행 (무모한 판단, 운전관리 능력 빈약, Human Errors)
•노심 냉각계통이 불규칙적으로 작동하여 노심 안으로 찬물이 주입 (동일 조건에서 실험치를 얻을 수 없게 됨)
•비상 냉각 계통도 차단시킴
•이러한 상태에서 실험도중 원자로 출력이 상승하여 흑연감속재의 온도 상승에 따른 출력이 급상승하여 원자로의 폭주(暴走, Runaway)현상과 흑연의 화학적인 연소로 인한 폭발 발생
•노심 용융
•격납용기가 없는 상태
•결과는 원자로 바깥으로 방출된 방사성 물질이 거의 모두 외부로 누출, 피해범위는 매우 컸다.
•운전원의 오판, 실수, 안전규칙 무시위반, 직무수행능력 부족, Human Errors
•감독자/관리자들의 조업 위기관리 직무수행능력 부족, Human Errors
•최고의사결정권자의 비상 위기 대처능력의 한계 등

3. 후쿠시마 원자력 발전소 폭발사고

3.1. 원전폭발 배경:

•2011년 3월 11일 일본 도쿄 북동쪽 373km, 센다이 동쪽 130km해상의 지하 24.4km에서 규모 9.0 강진발생
•파고 약10m이상 높이의 쓰나미 동반
•후쿠시마 현에 있는 후쿠시마 원자력 발전소 직접적인 타격을 입힘
•기반산업인 제철소, 정유공장 등의 화재, 폭발을 불러 옴
•원전폭발로 방사성 물질 확산 최악의 결과 초래
•화학적 천재지변을 불러 왔으며, 일본열도, 주위 인근국가, 지구 대기, 수질 및 토양, 그리고 5대양을 방사성물질 폐수로 오염시킴

3.2. 일본 후쿠시마 원자력발전소 폭발의 주 원인

1) Project 초기단계에서 전기계통과 냉각수계통의 설계개념/고려대상 연구미흡
2) 기후변화, 지진/쓰나미에 대비 Upgrading 및 Critical Scenarios Case Study에 소홀함.

3.3. 결과:

10m이상 높이 파고의 쓰나미에 의하여:

1)비상발전기시스템들과 냉각수 Pump System들이 바닷물에 잠겨, 비상발전을 할 수 없는 상태에서, 정전으로 냉각수 공급 Pump들도 가동할 수 없게 되었고,

2)원자로와 폐연료봉 저장수조에 냉각수를 공급할 수 없게 된 결과의 후유증 발생

Note:

- 비상발전기(Emergency Generator) System들을 Stand-by들과 함께 기후변화에 따른 지진/쓰나미에 대비, 가장 안전한 위치로 옮기지 않음. (그간 System Upgrading에 무관심) 따라서 10m이상 높이 파고의 쓰나미에 의하여 비상발전기 시스템 들이 바닷물에잠겨 비상발전가동 불가 하게 됨.
- Raw Water Pond/or Tanks와 함께 냉각수 펌프 System들도 Stand-by들과 함께 기후변화에 따른 지진/쓰나미에 대비, 가장 안전한 위치로 응용 설계하여 옮기지 않음. (그간 Systempgrading에 무관심) 따라서 10m이상 높이 파고의 쓰나미에 의하여 냉각수 Pump System들이 바닷물에 잠겨 냉각수 공급 가동 불가하게 됨.

3.4. 다섯 가지 질문과 Solution 제시

1) 5가지 질문은:

(1) Process Safety Design Concept/Consideration에 비추어, 왜 제어봉 Control System을 원자로 밑부분에 장착 설계하였을까?

- Chemical Process Safety Design 측면에서 볼 때, 제어봉 Control System을 원자로 밑부분에 장착 설계하는 것은 가능한 것인가?

(2) 기후변화 (지진/쓰나미)에 대비, 왜 비상발전기(Emergency Generator) System들을 저지대에 방치했을까?

(3) 기후변화 (지진/쓰나미)에 대비, 왜 Raw Water Pond, Tanks, 냉각수 펌프System들을 저지대에 유지시켰을까?

(4) 지난 수십 년 동안, 기후변화에 따른 Critical Scenarios Case Study를 왜 하지 않았을까?

- 만일 했다면, 왜 문제점해결방안을 System에 Upgrading하지 않았을까?

(5) 1985~1972년 사이, 미국 원자력규제위원회(NRC)와 미국의 핵 감시단체인 핵 정보 서비스(NIRS)의 경고, 그리고 미국원자력위원회(AEC)의 발전소건설 중단 권고에도 불구하고, 왜 건설을 추진하였을까?

2)Solution 제시

(1) Basic Design Concept and Consideration에 비추어 볼 때,

- 일본 원자력발전소는 비정상적 설계공정을 선택, 운전 해 왔으며
- 특히 기본설계 및 관리 소홀로 집약되는 문제점들로 인하여 제2의사고들이 연쇄적으로

뒤를 잇게 된 것이다.

•여기서 우리들은 아주 단순하고 기초적인 Process System Engineering 및 윤리적, 철학적 측면에서의 관리소홀이 화학적 천재지변의 피해 확산을 불러온 결과라는 것을 우리들은 눈여겨 보아야 한다.

(2) 이 얼마나 안타까운 일이며, 누가 이번 사고에 책임을 지고, 설령 누가 책임을 진다고 해도 죽어간 영령들이나 또 방사능 피폭으로 죽어갈 사람들에게 무엇으로 생명의 대가를 위로 해 줄 수있겠는가?

(3) Human Error 의 근본 원인(Root Cause)은?

과학자와 기술자들의 철학과 윤리, 신념과 양심, 그리고 용기의 결여가 Human Error의 근본원인이 된다.

즉, 과학자와 기술자들이 학교/사회생활에서 닦고 쌓아야 할 소양교육의 결핍이 낳은 결과이다.

3.5. 철학적 윤리적 측면에서의 부정적 행위

1)지진 및 쓰나미에 대비한 내진설계 및 기기장치들의 위치선정, 기준설정에 있어 과학철학 思考의 결여

2)방사성물질 오염폐수를 바다로 무단 방류하여 지구 전 해양을 오염시키는 비윤리적 행위

3)폐수를 무단 방류하면서 인근 국가에 통보하지 않은 비양심적 행위 등

4. 고리1호기 원자력발전소 Blackout 정전사고

● 고리 1호기 원자력발전소 Blackout 정전사고(Power Supply Total Failure) 문제점 분석

1)일시: 2012년 2월 9일

2)발전소 운전현황: Scheduled Plant Turn Around(PTA)중

3) 사고원인: KEPCO 한전 Power 전원공급중단 시 작업자 조작실수

4) 정전 때 비상조치 시도: Emergency Diesel 2 Generators: 가동불능

5) 사고내용: •비상디젤발전기 가동 때 Air Supply Solenoid Valve 고장
•원자로 내부 Cooling Water Supply Pumps: 작동 불능
•다른 비상발전기 1 Set: Overhaul 해체된 상태

6) 원자로 내부 냉각수 온도변화: 37℃-→57℃ 급 상승

7) 비상대처: •KEPCO 한전 Power(154KV): 전력연결 Power On 성공, 위기모면
•외부전원으로 원자로 냉각수 공급, 냉각 정상화

8) 문제점: Emergency Power Generators 관리기법 및 운영 미흡

9) 문제점 요약:

(1) Emergency Power Generators: Air Supply Solenoid Valves: P.M.불량

(2) Emergency Power Generators 성능시험 불량

(3)원전 Managers 및 직원들: 共謀해 사고은폐

(4)원전 Managers 사후대책 보고회의: 부정직성

(5)Blackout 정전사고 발생시 보고체계 마비

(6)늑장보고 (외부 타에 의한 마지 못한 보고)

(7)Daily Log Sheet 허위기록

(8) Emergency Power Generator 고장 상태에서 원전 재 가동

(9)원전 총괄관리 및 운영기법 미흡(원자력안전 위 감독기관 파견직원, 원전소장, Managers 에서부터 Field Operators까지)

(10)노후 된 Emergency Power Generators 사용 (34년 노후설비)

(11) 고위직 Managers: 관리 및 소양교육 미흡

(12) 총체적 위기관리 능력: 발전소 관리 철학 및 전문성결여, 정직성 결여 등

정전사고 위기일발 near miss/near accidents (아차 사고) 분석:

만일 원자로가 정상운전 중에 이 같은 사고가 발생했다면 어떻게 되었을까?

(1)노심용해(爐心鎔解: Core Meltdown or Nuclear Reactor Meltdown) 초래

(2)일본 후쿠시마 원전사고와 같은 사태가 발생되었을 것이다.

일본 후쿠시마 원자력발전소의 인접 폭발사고와 그로 인한 가공할 피해범위에 대하여 우리들은 2011년 3월 매스컴을 통해 잘 알고 있다.

한반도 전역에는 현재 23개 원자력 발전소가 가동 중에 있다. 최근에 원자력발전소에서는 도저히 상상조차 할 수 없는 Black out 정전사고(Power Supply Total Failure), 증기냉각용 해수펌프 침수, 비상정전사고, 비상가동중지, 비상발전기고장, 사고은폐, 관리 및 보고소홀, 품질보증서 허위조작, 시험성적서 변조 및 허위조작, 성능시험 기피, 안전성평가 누락, 불량제어케이블 사용, 불량부품사용 등 원전비리가 터져 나왔다. 여기에 위기일발의 아차사고(near miss, near-accident)와 휴먼에러(human error, 人災, 인재)라고 하는 인간의 실수가 항상 잠재되어있다.

더욱 중요한 것은 최고의사결정권자와 책임자들에게 공학철학과 공학윤리가 결여되어 있고 이에 따른 부정행위가 국가의 존립을 위태롭게 할 정도의 수준에 이르고 있기에 매우 심각한 현실에 우리들은 살아가고 있다.

우리 원전 기술진들은 이러한 빈도수가 이미 H.W. Heinrich의 원칙에서 보여주는 수치에 심도 있게 접근하고 있다는 사실을 인식하고 원전 관리 감독에 책임을 다 해야겠다.

특히 부정행위를 저지른 직원들에 대하여는 엄격한 법에 의한 신상필벌과 함께 악성적 부정행위를 한 자들은 지위고하를 막론하고 법정 최고형으로 다스려 져야만 한다는 사회적 통념이 대두될 수도 있다는 각오 하에 신념 있는 정신으로 이러한 비극적 부정행위가 더 이상

발생하지 않도록 해야 한다고 본다. 왜냐하면 원전의 부정행위와 연계된 Human Error들은 대한민국 5천만명 에게 돌이킬 수 없는 재앙적 재해와 수많은 인명피해를 입히게 할 수 있을 뿐만 아니라, 국가사회의 존립을 위태롭게 하기 때문이다.

원자력 발전소의 본성을 알고 있는 전문가들이 어떻게 인류의 말살을 자초하는 부정행위를 꿈꿀 수 있단 말인가?

설상가상으로 이에 더하여 최근에는 해커들이 원자력발전소를 파괴하겠다는 인류 종말적 협박을 하고 있는 것이 현실이다.

위험현상의 빈도수가 증가하면 예외 없이 이어서 사고가 발생한다는 것은 오랜 경험에서 체험한 지혜이기도 하다. 이 원칙과 체험에 의하면 현 시점에서 원자력발전소는 사고 직전의 최고 위험 수위에 달하고 있다는 경종을 울리고 있다고 보아야 한다.

대부분의 원자력발전소는 노후 되었거나 수명이 다된 상태에서 가동되고 있다. 해커들이 원자력발전소의 공정제어계통에 테러를 가할 목적으로 위협하는 과정에서 휴먼에러를 저지르거나, 테러행위를 실행할 경우에 원전사고는 재앙을 불러 오게 된다는 것은 명약관화하다.

원자력발전소의 해커테러들에 의한 재앙적 사고를 예방하기 위해서는 상기에 언급한 부정적 요소들을 만족하게 해결할 때까지 비상상태하에서 구체적으로 세밀 하게 총체적 관리와 기술적 관리를 해 나가야 한다고 본다.

자연과학측면에서의 올바른 의사결정사항은 아무리 강조하여도 끝이 없기에 아래와 같이 다시 한번 더 강조하기로 한다.

실행 실천하는 과정에서 결코 간과(看過, overlooking)해서는 안 되는 자연과학 측면의 의사결정 사항은 다수결로 판단하거나 표결할 수 없는 결정사항이란 것을 마음 속에 깊이 새겨두고 예외 없이 따르며 실행 실천해야 한다. 즉, 1%에 해당되는 자연과학측면의 전문적 의사결정권자가 연구하고 준비한 과학적이고 이론적인 보고서 내용, 실질적으로 체험한 기술자들의 보고서와 의견(Practical Engineers' reports and opinions with hands-on experiences)내용, 그리고 역사적인 사례 보고서(Historical reports on cases)내용들이 옳다면, 비전문적이고 이론과 실제에 취약하여 오판하고 있거나 또는 실질적 체험이 없는 상태에서 비현실적 판단을 하고 있는 99%에 해당되는 의사결정권자들은 이 1%의 옳은 방법 또는 의사결정을 한 사람을 반드시 예외 없이 따라주어야 한다.

여기서 특히 강조할 사항은 "원자력발전소의 휴먼에러, 부정행위, 그리고 해커와의 전쟁" 에서 언급하는 내용들은 국가존립의 문제와 밀접한 관계가 있기 때문에 앞의 제4부 3항에서 언급한 내용을 아래와 같이 재 강조한다.

(Given that only 1% of judgment is correct on the basis of the scientific conception and theory, it would be prudent to follow exactly the 1% of scientific truths without exception.)

저자가 2001년 9월 25일 Melbourne, Australia에서 개최된 세계 제6차 화학공학회(6th WCCE)에서 발표한 논문주제: Philosophic Decision-Making for Overall Management of Complex Chemical Plants(대단위 종합화학공장의 총괄적 관리에 대한 철학적 의사결정)에서 발췌인용.

자연과학측면의 의사결정사항들은 결코 다수결로 결정하거나 표결로 처리해서 는 안 된다는 명약관화한 사실을 재 강조한다.

상기에서 언급한 이 의사결정 내용을 간과하여 의사결정해야 할 사항의 내용 들을 빠뜨리고 보거나, 비전문적으로 오판하여 Human Errors를 불러오게 되고, 부정행위로 결점들을 눈감아 주게 되면 이에 해당되는 의사결정권자들이 판단한 의사결정은 재앙적 재해의 근본원인(根本原因, root cause, contributing cause) 이 되고, 이로 인해 국가사회는 존립위기에 놓이게 된다는 사실은 명약관화 (明若觀火, Being as clear as the light)하다.

이 때 오판한 의사결정권자들에게 국가사회적 책임을 추궁하려고 해도 그들은 이미 그들이 저지른 방사성 물질 오염으로 인한 재앙적 재해의 피해를 입게 되어 지상에 존재하지 않을 것이라는 것은 그 누구도 단언할 수 없는 일이다.

5. 우주왕복선 첼린저(Challenger)호 폭발사고

● 발사 전 상황: 고체추진로켓의 개발사이고 로켓 부스터의 설계와 생산을 담당한 Morton Thiokol사의 공학자들은 추진 로켓의 기기장치 사이를 밀봉(sealing)하는 부품, O-ring의 성능이 우려되어 발사를 재 검토할 것을 권고하고, 발사 중지를 요청한 상태

1)온도 차로 O-ring이 복원력을 잃으면 고온의 가스가 새어 나와 연료 저장 탱크에 점화되어 폭발가능성 경고

2)우주센터(Space Center): 공학자들의 발사 중지 요청에 대하여 이의를 제기함.

3)올바른 초기 의사결정:

•우주센터는 공학자들의 승인 없이는 발사를 보류한다.

•Morton Thiokol사의 경영진은 그들의 공학자들이 안전을 보장할 때까지 발사를 유보한다.

4)Morton Thiokol사의 부회장은:

•미국 항공우주국, NASA가 성공적인 비행을 매우 원하고 있다는 것을 알고 있었고,

•Morton Thiokol사가 NASA와 새로운 계약을 원하고 있다는 것을 알고 있었다.

•또한 발사에 반대하는 권고는 재 계약에 영향을 초래할 것이란 것도 알고 있었다.

•Morton Thiokol사의 공학적 자료가 확정적이지 않다는 것을 알고 있었다.

5)Morton Thiokol사의 공학자들은 온도에 의한 정확한 공학자료를 제공할 수 없는 상태였다.

6)Morton Thiokol사의 부회장은 감독직 공학자에게 공학자의 직함에서 벗어나 경영자의 입장이 되라고 했다.

7)초기의 발사 불가 의사결정은 번복되었다.

8)O-ring의 수석 공학자인 Roger Boisjoly는:

그는 공학자의 건의가 번복된 것에 대해 기분이 상했다. 그는 우주 비행사들의 안전이 걱정되었고, 공공의 건강과 안전을 보호해야 하는 전문가의 책임을 가지고 있었다.

O-ring을 신뢰할 수 없다고 결정하는 것은 그의 전문가로서의 공학적 판단에 의한 것이다.

그의 전문가적 판단이 뒤집혀 버린 것이다.

그는 공학자로서 최선의 공학 기술적 판단을 내리고 우주 비행사들을 포함한 공공의 안전을 보호할 책임을 지고, 발사 중지에 대한 제안을 고수해야 한다고 경영진을 설득했지만 받아드려지지 않았다.

9)Morton Thiokol사의 경영자들은 올바른 초기 의사결정 사항인 발사 중지 결정을 번복 해 버렸다.

결과: •다음날 발사된 지 73초 만에 우주왕복선 첼린저호는 폭발했고,
•6명의 우주비행사와 함께 탑승한 교사의 목숨을 앗아가 버렸고,
•수백만 달러의 가치를 지닌 우주왕복선을 파괴 시켰으며,
•NASA의 명성에 치명적 손상을 입히게 했다.

교훈: 공학적인 문제가 발생했을 때는 그 해결방안은 전문가인 공학자의 의견에 따라야 하며, 결코 비전문적 경영자들이 다수결로 의사결정 해서는 안 된다.

6. 화학공장 폭발사고

● 폭발 사고 직접원인과 간접원인 분석: Human Errors:

3.1. 직접원인(Direct Cause): Silo내부 불안전한 상태에서 Manhole Welding 화기작업

3.2. 간접원인(Root Cause/Contributing Cause):

1)D사 총괄 관리적 요인:

(1)경영진: •경영 및 공학철학 개념 결여: 안전규정 무시, 직원안전사랑결핍, 협력사 이익배분 불균형, •총괄적 안전 정책(Safety Policy) 및 문화(Culture) 부재: 총괄적 안전관리 무관심 및 소홀

(2)원청 기술공급사(Basic 설계사): •설계결함: Silo Maintenance/Inspection용 Manholes 초기 기본설계에 미 반영

(3)기술진: •공학/현장철학 결여,
•안전관리규정 및 원리원칙 미 준수: Silo내 폭발성 가스 및 분진제거 Purge 미흡, 물 청소 생략
•용접화기작업 안전작업허가서(Safety Permit) 발행: 해당 핵심내용 미확인: 허가서 확인발행: 미 발급

•Silo 하부 용접화기작업과 동시에 작업자 Roof Explosion Vent지역에 접근허용: Roof 내 고착 분진 분리낙하 요인 제공, 용접시 폭발원인 제공, 폭발시 작업자 낙하,

•직원 안전관리 및 교육: 미흡, 소홀: 후진성 초보적 수준

(4)협력사 관리적 요인: •용접 안전작업허가서: 핵심내용 미확인, 미 수령

•안전교육관리 소홀

•협력사 직원 사전 안전집중교육 소홀

(5)협력사 작업자 개인 결함요인: •Silo 지붕, 고층에서 작업할 때 Safety Belt의 Hook를 Guard Rail 또는 안전한 설비에 고정, 걸지(채우지) 않은 불안전한 행동 초래.

3.3. 폭발사고에서 얻은 교훈(Learning from Explosion Accident)

•경영 Group의 공학철학 결여가 공장운영 및 사회 전반에 미치는 영향

•설계결함이 인명손실 및 사회전반에 미치는 영향

•안전관리규정 및 원리원칙 미 준수가 인명손실 및 사회에 미치는 영향

•현장철학 결여가 공장폭발 사고를 유발하는 근본원인이 된다는 사실

•협력사(Contractor) 기술수준 취약이 사고의 근본원인이 된다는 사실

•협력사(Contractor) 이익배분 불균형이 사고의 근본원인이 될 수 있다는 사실

즉, 사고의 근본원인들이 초래한 내용들을 세부 분석 해 보면:

1)경영 Group 공학철학/윤리 경영 결여: •사고 원인 제공/사회 전반에 악영향초래

2)설계결함: •사고원인 제공, •인명 자산 손실 유발, •사회전반에 영향초래

3)안전관리규정 및 원리원칙 미 준수: •사고원인 제공, •인명 자산 손실 유발, •사회 전반에 영향초래

4)현장철학 결여: •사고원인제공, •공장폭발 사고 초래, •인명 자산 손실 유발, • 사회 전반에 영향초래

5)협력사(Contractor) 기술수준 취약 및 공학철학 결여: •사고원인 제공, •공장폭발 사고 초래, •인명 자산 손실 유발, • 사회 전반에 영향초래

6)협력사(Contractor) 이익배분 불균형: •기술관리 자격 미달 업체 선택, •사고원인제공, •공장폭발 사고 초래, •인명 자산 손실 유발, • 사회 전반에 영향초래.

6장 휴먼에러와 재해의 예방과 최소화

1. 기후변화에 따른 자연재해

여기서는 기후 변화에 따라 가장 영향을 집중적으로 받는 원자력 발전소와 화학공장들에 대하여 우선하여 언급하기로 한다.

현재 대한민국의 원자력발전소나 화학공장들은:

•고온 고압에서 방사성물질을 취급한다.

•독성, 휘발성, 폭발성, 위험성이 강한 물질들을 다다룬다.

•가벼운 진동이나 흔들림에 취약한 기기장치들이 가동되고 있는 상태에 있다.

•지반이 약해질 경우나 진동이 발생할 때 독성 가스를 취급하는 관(管, pipe, duct)들이 균열(龜裂, 금, crack)이 발생하기 쉽다.

•많은 공장들은 내진설계(耐震設計, Earthquake Resistant Design Standard)기준이 낮게 책정 되었거나, 오래된 공장들은 내진설계가 제대로 되어있지 않은 현실이다.

•공장 근 거리에는 인접하여 마을도 많고, 주민들도 많이 거주하고 있다.

그래서 기후변화에 따른 결과로 이들 공장들이 영향을 받게 되면 자연 재해로 이어져 대형 폭발사고나 화재가 발생하게 되고, 방사성 물질의 확산과 오염, 독성 가스가 방출되며, 독극성 오염물질들이 수로를 따라 하천이나 강과 바다로 흘러 들어가게 된다.

이러한 상황이 발생하게 되면 방사성물질의 피폭과 방사성물질의 오염으로 수많은 인명피해와 생태계 파괴, 그리고 국가적 자산 손실이 발생하게 되어 대재앙의 비극이 초래된다.

저자는 오랜 세월 국·내외 대단위 화학공장에서 실무를 담당 해 오면서 총체적 안전 및 환경 부문에 많은 시간을 할애하며 실질적 경험(Hands-on Experience)을 쌓아 왔다. 실무에서 "모든 사고(incident/accident)들은 예방 될 수 있다." 는 것을 인지하고 확신 하게 되었다.

따라서 전문가 집단과 연구집단, 그리고 정책입안 집단들이 협업(協業, cooperation)하여 지구 기후변화가 영향을 주는 자연재해(Natural Disasters)에 대비하여 연구하고 그 결과를 제반 산업에 응용 발전시켜 나간 다면 이로 인한 사고의 피해를 최대로 예방할 수 있을 뿐만 아니라,

이렇게 할 때 인명 손실과 자산 손실, 그리고 생태계 파괴 등의 피해를 최소화할 수 있다고 본다.
이 기후변화에 따른 결과와 조건들은 위에서 언급한 원자력발전소나 화학공장 등에 악영향을 미치게 될 뿐만 아니라, 결과로 나타나게 되는 재앙적 상태들은 인류에 돌이킬 수 없는 재해를 입히게 된다.
우리 인간들은 지구 기후변화에 따른 결과에 대하여, 지진, 쓰나미, 태풍, 폭풍우 (rainstorm), 뇌우(thunderstorm), 홍수, 폭염(暴炎), 혹서(酷暑, heat wave), 게릴라성 폭우, 가뭄, 천둥, 낙뢰, 대기권 오존층 파괴, 설산과 빙산의 해빙, 초고온, 초저온, 화산폭발 등과 같은 현상들과 조우하며 살아 가고 있다.
이러한 현상들이 도래될 때, 대자연의 안전요소들이 파괴되고 상실되며, 지각의 변화, 화재, 폭발, 붕괴, 위험물질누출/확산, 독가스의 분출/확산, 수해 등을 입게 되어 상상을 초월하는 인명손실과 자산손실, 그리고 생태계 파괴등과 같은 대 재앙의 재해를 입게 된다.
이 때 독가스나 독성물질이 바람 방향에 따라 주거지역으로 확산되거나 비산될 경우에는 그 지역 거주자들과 생태계는 모두 죽음에 이르러 파멸되게 된다는 사실을 재인식하고 다양한 측면에서 공학철학에 바탕 하여 완전무결하게 대비책을 강구 해 나가야 한다.
만일 위와 같은 기후변화에 따른 자연재해에 대비하여 유비무환 (有備無患, Be prepared, and you will have no cause for regrets.)의 정신을 소홀히 하게 되면 국가의 존립은 보장할 수 없게 된다.
왜냐면, 이 사고야 말로 바로 물리적 사고가 아니고 화학적 사고의 재앙적 재해의 피해 결과를 불러 오기 때문이다.
'모든 의사결정권자와 책임자/관계자들은 국민과 사회·국가를 위해 이에 대한 파급영향에 시간을 지체하지 말고 대비 해 나가야 할 뿐만 아니라, 제반 안전사고 및 재해예방에 유비무환의 정신으로 대처 해 나가야 한다.' 고 본다.

2. 대자연의 본성과 지혜

2.1. 대자연의 본성(本性, nature)

저자는 제7비료공장(남해화학주식회사)건설이 한창일 때 제4비료공장(진해화학주식회사)에서 이곳 남해화학으로 자리를 옮겼다.
30대 초반에 초급 관리자(supervisor)로 이곳 남해화학에 입사했을 때는 20여개 대단위 공장들과 다양한 저장시설들, 그리고 부대시설과 하역시설 등이 그 규모 면에서 세계적(World-wide)이었기에 저자의 마음을 압도했다. 건설 현장의 보이는 것들 모두가 저자에게는 신기했고 배움의 대상들이었다.
특히, 여수 삼일 항에 건설된 제7비료공장전용 부두하역시설은 그 당시 1970년대 초에는 동양 최대의 규모로 길이는 1,050m, 폭이 30m였다.

특히, 해상에 파일(pile)을 박아 그 위에 부두를 건설한 특색 있는 공법의 부두였다.
이 부두는 동시접안능력(simultaneous berthing capacity)이 95,000톤으로 50,000톤급 1선좌, 20,000톤급 2선좌, 그리고 5,000톤급 1선좌 배가 동시에 접안 할 수 있는 규모였다.
년간 하역 량은 약 2,800,000톤 규모로 부두는 항상 분주하게 운영되었다.
대자연이 자연적으로 흐르며 진행되는 과정에 태풍시즌이 오면 예외 없이 부두시설의 안전유지를 위해서 태풍대비 비상이 걸렸다.
이 때 저자는 대자연의 흐름과정에 순응하며 그 본성(本性, nature)에 따라 시설안전 비상대비상태를 점검하고 확인했다.
태풍대비 하역 크레인과 선적시설이 매뉴얼에 명기된 설계조건으로 안전하게 고정되었는지, 매뉴얼 대로 조치를 취해 놓았는지 등을 확인했다.
태풍이 예고되면 대형 선박은 부두에 정박해서는 안 된다.
비료제조 해당공장에 원료가 되는 인광석, 유황, 염화가리 등을 적재하고 부두로 접안 하기 위해서 들어 오는 수만톤급 원양선박들은 태풍이 예고되면 멀리 외항으로 나가야 한다.
외항에 안전하게 정박했다가 태풍이 지나가면 부두에 다시금 접안 해야 한다.
또한, 원료선적선박이 부두에 접안 하여 하역 중일 때 태풍예보가 발령되면 하역을 중단하고 바로 그 선박은 외항으로 멀리 나가야 한다.
태풍이 불어 파도가 일게 되면 외항으로 멀리 나간 선박은 수심이 깊은 곳에서 파도의 물입자 운동이 상하 원형궤도를 따라 움직이기 때문에 선박은 아래 위로 움직이기에 안전하다.
그렇지만 수심이 얕아지게 되면 파도의 물입자는 타원운동을 하게 되어 위험이 따르기 시작한다.
더욱 수심이 얕은 부두지역에 이르게 되면 파도의 물입자 운동은 앞뒤로 왕복운동을 하기 때문에 정박된 선박은 부두시설을 향하여 돌진하게 된다.
따라서, 선박은 부두시설과 계속 충돌하게 되어 선박과 부두시설은 대형사고의 파손을 피할 수 없게 된다.
태풍이 예고되면 대자연의 흐름과정에 순응하며 대자연의 본성에 따라 선박은 외항으로 나가 파도의 상하 원형궤도를 따를 수 있도록 하면 된다.
우리들은 기억한다.
14만 5천톤급 유조선, 시 프린스호가 원유를 싣고 여수항에 입항하여 태풍이 몰아치는 대도 불구하고 하역작업을 강행하다가 늦게서야 피항하던 중에 암초와 부딪치는 사고로 원유가 유출되는 대형 해양사고가 발생했던 사실을……
태풍이 예고되면 대형선박은 외항으로 멀리 나가야 하는 원칙을 지키지 않은 돌이킬 수 없는 인재(人災, human error)였다.
선장 한 사람이 원칙을 무시하고 의사 결정한 판단이 죽음의 바다로 만든 재앙적 사고였다.
대자연의 순리와 본성에 역행한 선장 한 사람의 무지가 낳은 대재앙의 사례이다.

대자연의 태풍 앞에 바다에 떠있는 선박이 수십만 톤, 수백만 톤의 선박인들 그 원칙을 피해갈 수 있을까?

대양에선 하나의 조그만 보트(a small boat)인 일엽편주인 것을……!

이 재앙적 해양오염과 생태계 파괴, 인근 어민들의 양식장 피해와 생계소득피해, 건강피해 등으로 인한 불행을 어떻게 행복 된 삶으로 돌이킬 수가 있을 까?

우리들도 그 시 프린스호의 선장이었다면 태풍의 본성 앞에 외항으로 안전하게 피항하는 leadership을 발휘했었을까?

대자연 앞에 순응하며 순리를 따르고, 대자연의 흐름과 본성에 따라 동화되고 이론적 전문성에 바탕 하여 철학적 의사결정을 했더라면, 이러한 human error(인재, 人災)가 발생될 수 있었을까?

우리 세대들은 더불어 행복을 추구하기 위해서 이들 질문에 지혜롭게 대처해야 할 것으로 생각한다.

2.2. 대자연의 지혜

대자연은 우리들에게 아래의 마음을 전 해 준다.

- 햇살 같이 밝은 마음
- 산과 같이 깊은 마음
- 바다 같이 넓은 마음
- 반석 같이 굳은 마음

대자연의 산과 바다, 강과 들, 숲과 대초원, 푸른 하늘과 밤 하늘, 그리고 빛과 소리 등을 통하여 우리들은 대자연의 박동하는 소리를 느낄 수 있다.

대자연에 동화될 때 우리는 그녀의 대자연적 생태와 흐름을 알게 된다.

대자연으로부터 원초적 내음과 향기를 느낄 수 있고, 성장하며 발산하는 찬란한 빛을 보고 느낄 수 있다.

하늘로부터 다양한 소리와 빛, 물줄기와 눈(雪), 회오리와 바람 등으로 변화하는 다양성을 느낄 수 있다.

역동적으로 약동하는 대자연의 순리를 배울 수 있는 기회이기도 하다.

대자연에 동화 되어 시청각을 통하여 배울 수 있는 대자연의 순리는 우리들이 성장발전 해 나갈 수 있는 데에 초석이 될 수 있다.

대자연에 잠재되어 있는 무한대의 기운을 받으며 우리는 생동감과 활력을 얻게 된다. 대자연을 아끼며 사랑하는 이유이다.

오늘을 살면서 성장기에 대자연과 함께 공존하며, 무한함을 발견하고, 변화에 순응하면서 삶을 영위 해 나갈 수 있을 때 우리는 창조적 진화를 해 나갈 있게 된다.

'대자연의 품 안에서 다양성을 찾고 다양성 속에서 새로움을 찾아 무엇이 근원 (根源, origin,

root)이고 본성(本性, original nature)이며, 창의적이고 독창적인 착상 (着想, conception, idea)은 어디서 오는지를 찾아 나갈 수 있다면 꿈과 목표는 순조롭게 이룰 수 있다.' 고 확신한다.

'꿈과 목표는 창의적 착상 없이는 이룰 수 없다.' 는 것을 우리들은 재 인식할 필요가 있다.

'살며 사랑하며 배우면서 이 신비로운 대자연의 순리와 아름다움을 마음에 담고 그 속에서 새로움을 찾아 나갈 수 있다면 그러한 분위기는 지속적으로 끝까지 꿈과 목표를 찾아 나가는 길에 활력을 불어 넣어 줄 것이다.' 고 저자는 생각한다.

상기에 언급한 '대자연의 4가지 근본적 마음에 바탕 하여 늘 기쁜 마음 속에 대자연의 순리와 지혜를 꿈과 목표에 접목 해 나간다.' 면 우리들은 대자연의 기운을 받아 역동성과 지속성을 끝까지 유지 해 나갈 수 있게 되어 행복한 마음을 찾게될 것이다.

3. 지진과 쓰나미가 몰고 올 화학적 천재지변

우리나라는 환태평양 지진대에 근접해 있고, 주변국에서 대규모 지진이 빈번히 발생할 뿐만 아니라, 지진발생 빈도수도 지속적으로 증가하고 있다. 더 이상 우리나라도 지진과 쓰나미의 안전지대라고 말할 수 없게 됐다. 이번 일본 대지진으로 인한 원자력발전소의 피해처럼, 우리나라의 대단위 공업단지나 원자력 발전소 등에서 연쇄적으로 독가스나 폭발성 가스 그리고 방사성 물질이 유출되는 '화학적 천재지변'이 겹친다면 국가존립의 위기에 처하게 된다. 대량 인명손실은 말할 것도 없고 동·식물계 및 환경피해로 인한 국가적 손실은 상상을 초월할 것이다. 천재지변으로부터 손실을 최소화하기 위해서 다음의 대비책을 세워야 한다.

첫째는 지진 대비이다. 기존 대단위 공업단지 내 공장과 원자력발전소 내 회전기계장치류와 공정시설의 취약상태를 정밀 진단하고 국제 내진설계 기준으로 강화 보강해서 미약한 진동으로 인해 이들이 가동 정지되거나 붕괴되지 않도록 한다. 공업용수 저장시설은 비상시에 최소 3일 이상 사용할 수 있는 시설을 갖추고 비상시에 공동 사용할 수 있도록 단지 간 공동배관 설비류를 갖추도록 하며, 위험성이 높은 공장들은 비상시에 비상가동 정지를 현재보다 더 빨리 하도록 비상조업정지 회로시스템을 개발해야 한다. 또한 공정상 독극물 재고가 공정에 머물지 않도록 공정시설을 개조해야 한다.

둘째는 쓰나미 대비이다. 자연재해 쓰나미의 예고에 대하여는 해안선 바닷물 높이의 이상 증가와 낮아짐을 경고할 수 있도록 곳곳에 경보장치를 설치하고, 해안선 및 해안가 물밑바닥의 진동 및 흔들림을 탐지할 수 있는 탐지 경고 시스템을 요소에 설치하며, 해안가의 물 높이에 따른 수압변화의 이상 유무를 감지할 수 있는 수압변화 감지 시스템도 요소마다 갖춰야 한다. 더욱 중요한 것은 해안가 높은 곳에 해안 지진 및 쓰나미 감지 및 통보 센터를 설치해 탐지 내용들을 각 공업단지와 발전소에 실시간 긴급 전파해 위기에 조기 대처하도록 정보망을 구축한다. 이를 위해 정부는 전문연구기관과 학계, 그리고 전문 기술진들을 부문별로 나누어 공동 안전진단

추진체를 구성해 지진대비 안전진단과 대책을 긴급히 실행에 옮길 수 있도록 해야 한다.

4. 극한 상황 위기 시나리오

우리들은 조직생활이나 일상생활에서 위기와 조우할 때가 종종 있게 된다. 이 때 해당 담당자들은 위기에 맞서 최악의 극한상황까지 시나리오를 개발하여 위기관리를 해 나가야 한다. 위기관리를 어떤 개념에서 어떻게 대비하느냐에 따라 국가나 회사의 운명은 갈리기도 하고 국가와 사회는 불행의 나락으로 떨어 질 수도 있다.

우리들은 평상 시 주워진 조건과 과정에서 불현듯 나타나는 위기에 대책 없이 함몰되어 수많은 사람들이 고통과 비운 속에 일생을 마쳐야 하는 국·내외 경우를 많이 보아 왔다.

이러한 결과를 초래하는 비극적 위기는 해당조직의 최고 의사결정권자들에게 전문성이 결여되었거나, 운영철학과 가치관이 없고, 부정부패에 쉽게 빠져들게 하는 윤리적 정신을 상실했을 때 나타나는 증상(症狀, symptoms)이다.

최고 의사결정권자 자리는 소양을 갖춘 사람에게 맡겨져야 하며, 이 자리에 오른 사람은 위기관리(危機管理, crisis management)에 열정을 쏟아야 한다.

위기관리 방법에는 What if……? (……하면 어떻게 될 것인가?)방법에 따라 각가지 시나리오(scenario)를 만들어 어떠한 위험요소들이 잠재되어 있는지를 밝혀내고 이에 해당되는 대비책을 제시하여 실행함으로써 위기를 벗어나도록 해야 한다.

몇 가지 대비해야 할 시나리오를 예로 들어 보기로 한다.

1)원자력 발전소 원자로의 연료봉 재질을 설계규격(設計規格, design specification)이하로 낮추어 부정으로 납품하면 원자로에 어떤 현상이 나타날까?

2)독극물/폭발물 등 위험물을 생산 취급하는 공장이나 원자력발전소, 그리고 대단위 화학공장에서 비상발전기(emergency generator)가 적기에 가동되지 않을 경우에 어떠한 현상이 나타날까?

3)산업현장에서 설계규격을 하향 조작하여 부정규격성적증명서를 발급할 때 불량품의 공급결과는 어떤 현상을 초래할까?

4)태풍이 예고되었는데 태풍 풍속이 시간 초당 45m(45m/sec)로 발령되어 이에 대비 하였으나 풍속이 더 강한 50m/sec로 접근했다면 어떻게 될까?

5)제반 산업현장에서 설계규격을 조작하는 부정부패를 방치하고 눈 감아 버린다면 산업현장에 어떠한 재앙이 오게 되며, 국민의 생명은 안전하게 보장될 수 있을까?

6)해당조직의 최고 의사결정권자가 전문성이 결여되었거나, 운영철학과 가치관이 없고, 부정부패에 쉽게 빠져드는 윤리적 정신을 상실한 사람을 영입할 때 국민건강과 안전은 어떻게 보장받아야 할까?

상기와 같이 국민안전과 생명을 보호 해 주기 위해 각 해당분야에서 무수한 시나리오를 최악의 극한상황까지 개발하여 이에 대비하는 참다운 지도자들을 적재적소에 앉혀야 한다.

재해와 재앙을 불러 올 수 있는 화학공장과 원자력 발전소의 대형사고를 예방하기 위해서 응용설계에 반영해야 할 위기 시나리오의 예를 아래와 같이 들어 보기로 한다.

4.1. 화학공장의 위기 시나리오 예

공장 및 공정의 응용설계에 있어 위기 시나리오(Scenarios) 연구는 응용설계의 품질을 최대한으로 향상 시킬 수 있는 방안중의 하나이며, 응용설계를 위해 거쳐야 할 연구 과정이기도 하다. 시나리오 연구는 공장 및 공정의 설계 전반을 검토하게 되며, 현실에 있어 공장 운영 전반에서 나타나는 문제점과 잠재적 사고의 위험성, 그리고 사고 가능성과 예측을 해 볼 수 있다.
여기서 가상 사고분석과 원인을 파악해 볼 수 있기에 더욱 실질적인 응용설계가 가능하게 된다.
더욱 중요하게는 시나리오 연구는 이론과 경험이 총동원되기에 가치 있고 실질적인 응용설계를 할 수 있게 된다.
따라서 품질이 우수한 응용설계를 위해서 이와 같은 시나리오 연구를 필수적으로 심도 있게 해 볼 필요가 있다.

4.1.1. 화학공장의 시나리오 연구 주제

여기서는 시나리오 연구를 위한 주제를 예로 들어 보기로 하고, 이 주제 질문에 대한 폭 넓고 세밀한 대응책을 제시함으로써 이들을 응용설계에 반영 할 수가 있다.
다음과 같이 예를 들어 보기로 한다.

Case-1:
What-to-do and How-to-do when suppose that the 10Cubic Meter of DNT Hydrogenation Reactor (Hydrogenator) to produce Toluene Di-amine (TDA) was exploded at 08:00 hours of January, Winter Season?

Case-2:
What-to-do and How-to-do when suppose that the 15,000MT of Ammonia Storage Tank in the dike was ruptured in the midnight of 17:00 hours?
Suppose that the weather temperature around the exploded Ammonia tank shows 20 degree C, and Wind is blowing toward South North on the wind velocity of 5meter/sec.

Case-3:
What-to-do and How-to-do when suppose that the 50Kg of Phosgene Reservoir is leaking through along with the wind velocity of 10meter/sec on Southeast Wind in the Evening Shift of 23:00 hours? And Weather Temperature shows 25degree C.

Case-4:

What-to-do and How-to-do when suppose that huge amounts of SOX gas are directly emitting from the Stack of Sulfuric Acid Plant, Sulfuric Acid Production Daily Capacity of 1,400MT, due to Emergency Total Shutdown of Circulation Pumps on Absorption Towers? Time now shows 02:00 hours.

Those whole SOX gas is diffusing to Downtown through Neighboring Plants toward the South north of Wind Direction on 10meter/sec of velocity. Weather Temperature and Relative Humidity show 33 degree C and 85%, respectively.

Case-5:

What-to-do and How-to-do when suppose that the Water Source Dam is seriously cracking and breached by Earthquake happened in the early

Morning of 06:00 hours?

And also Water Supply Lines going to the Complex Plants was broken down. Accordingly, Daily 250,000MT of Water Supply is not available to the Water Storage Ponds in the Industrial Complex Park Area.

Case-6:

What-to-do and How-to-do when suppose that the Power Transmission Tower of one Thermal Power Plant of 500,000 KW of Power Capacity was terribly fallen down by Earthquake Wave in the midnight of 04:00 hours?

Consequently, Power Supply was stopped to the Complex Industrial Park.

Case-7:

As a Worst Case on the Tsunami Inundation Model, What-to-do and How-to-do when suppose that the Tsunami is warned at as of 20:00 hours that the Predicted Tsunami Arrival Time will be after 7hours in this Complex Industrial Park Area located in low-lying coastal Area?

4.1.2. 공장 및 공정사고 위기 시나리오 대응 연구

공장 및 공정상의 비상 상태에서의 다음을 정의하고 요약한다.

a) Emergency in Plant, and also Neighboring Plants

b) Major Emergency to be applied to Critical Scenarios

c) Types of Emergency in Plant including Neighboring Plants

d) Level of Emergency in Plant including Neighboring Plants

위험 물질의 확인점검(Identification of hazardous materials)을 실행한다.

공정 설계상의 설계조건과 실제 운영상의 다음의 해당 사항들에 대해서는 재고수준, 범위 등의 확인점검을 정확히 하도록 한다.

1) Identification on Volume of Storage/Reservoirs of Hazardous Materials in Detail: In Plant including Neighboring Plants
2) Types of Consequences of Accidents on very serious Hazardous Plants in the Complex
3) Classification of Chemical Accidents; In Plant including Neighboring Plants
4) Dispersion Range in case of Dispersion of Toxic Chemicals/Gases in Detail: In Plant and including Neighboring Plants
5) Flammable Chemicals' Hazard in Detail: In Plant and including Neighboring Plants
6) Consequences' Result and Effect happening in case of Emergency

4.1.3. 공장 및 공정사고 시 비상 조직과 책임 (Emergency organization and role)

공장 및 공정사고 시나리오 대응 시 다음과 같은 전문 팀을 구성하고, 이들 각 팀의 비상 업무 내용과 책임에 대해서 언급한다. 이들 전문 팀에서 각 시나리오 별로 대응 연구한 내용들을 응용설계에 반영하도록 한다.

1) Formation of Overall Joint Committee Members' List (Security Team, Company Crisis and Community Crisis Groups)
2) Operation Expert Team
3) Maintenance Expert Team
4) Traffic Control and Transportation Team
5) Heavy Equipment Supporting Team
6) Security Guard Team
7) Civil and Construction Team
8) Accident Inspection and Control Team
9) Safety Supervision Team
10) Fire Fighting Control and Rescue Team
11) Health and Medical, and Ambulance Team
12) Materials Supply Team
13) Toxicity Monitoring Team
14) Evacuation Team
15) Demolition and Reconstruction Team
16) Public relation and mass media communication team, etc

4.1.4. 준비할 참고내용 (References to be prepared)

공장 및 공정사고 시에는 조직화된 경로를 통해서 해당 공장의 인명 피해와 자산 손실을 최소화 시켜야 한다. 아울러 이웃 공장과 지역사회에 인명 피해와 자산 손실 등을 최소로 줄여주어야 한다.

이를 위해 다음사항을 더욱 준비하여 이에 대응토록 한다.

1) Organization diagram for company crisis group
2) Information line diagram for community crisis group
3) Flow chart for emergency response
4) Telephone and cellular phone directories for the above crisis groups
5) Responsibility and duty chart for company and community crisis groups
6) Installation of weather vanes (weathercock) and siren
7) Evacuation area and route map
8) Security deployment plan
9) Medical Resources: Dispensary, local hospital, available doctors/nurses, facility and equipment
10) Operational control room: For message receiving and response on the scenario accidents
11) Availability of transportation for evacuation
12) Preparation of MSDS materials and chemical properties hand books
13) Operation manual and specification collecting book
14) Fire and safety manual in operational control rooms
15) Preparation of P&ID in operational control rooms
16) Storage and inventory tables, etc

4.2. 원자력발전소의 위기 시나리오 예

핵심적인 위기관리 시나리오 연구의 예를 들면,

1)원자로 냉각재 펌프 시스템이 긴급한 위기상태에서 제어기능을 상실할 때 어떻게 대응하겠는가?
2)제어봉 구동장치가 긴급으로 제어기능을 잃을 때 어떤 조치를 취하겠는가?
3)증기발생기에 공급하는 급수펌프가 비상 정지될 때 어떻게 정상화 할 것 인가?
4)1차 계통 냉각제 펌프가 과열로 공동화 (空洞化, Cavitation) 현상을 초래하여 심한 진동을 초래하며 냉각재 흐름에 지장이 초래될 때는 어떻게 대처해야 하는가?
5)각종 기기장치에 공급되는 기기냉각수계통의 제어 시스템이 순간적으로 기능을 잃을 때 어떻게

위기를 극복할 것인가?

6)고압터빈으로 유입되는 증기조절밸브가 갑자기 닫힐 경우에 어떻게 긴급 대응해야 할까?

7)원자로 증기압력 제어밸브가 갑자기 기능을 잃고 닫힐 때 어떻게 긴급조치를 취해야 할까?

8)비상 정전 경우에 비상발전기가 즉각 시동되지 않을 때 어떻게 공정제어를 할 것인가?

9)원자로 가압기의 가열기가 갑자기 제어기능을 잃을 때 어떤 조치를 취해야 할까?

10)비상 노심냉각계통이 갑자기 제어기능을 상실할 때 어떻게 공정제어를 할 것인가?

11)원자로 상단에 위치한 비상 압력밸브가 제어기능을 상실할 때 어떻게 원자로를 보호할 것인가?

12)공정 별로 불량부품을 사용할 때 어떤 사고가 예상되며 이를 예방하기 위해서 어떻게 해야 할까?

13)원자력발전소의 공정제어계통과 기기장치들의 부품(spare parts)들에 대하여 품질보증서 허위조작, 시험성적서 위조, 성능시험성적서 위조, 부품시험성적서 허위조작 등으로 불량품들이 각종 해당 장치에 조립된다면 어떠한 결과를 초래할까? 등 다양하다.

5. 공학 활동을 위한 용기 있는 태도

본 장의 내용은 대단위 화학비료공장에서 용기 있는 업무 태도로 상사와 의사 소통한 결과 휴먼에러(Human Errors, 人災)를 예방한 사례를 요약한 것이다.

1980년대 초에는 비료산업에 불황이 닥쳐 오고 있었다.

이 때 제7비료공장 기술진들은 새롭고 효율성이 높은 신비종(新肥種, New Grade Fertilizers)의 새로운 비료를 개발하기로 했다.

초등학교 때 비료의 3요소는 질소(N), 인산(P), 가리(K)로 배웠다.

그것은 기본적으로 정확하다. 기본적으로 질소성분은 공기 중의 질소와 원유를 정제하여 얻는 나프타(일종의 휘발유)에서 수소를 만들어 합성하여 암모니아를 만들어 공급하게 된다.

이 3요소에 미량성분(유황, 마그네슘, 질산암모니움)중의 질소(질산태 질소)등을 첨가하여 제조하게 되면 시대에 적합한 새로운 비료가 탄생되는 것이다.

이 새로운 비료를 개발하는 과정 중에 세계고객(World Buyer)들 중에는 새로운 질산태 질소 신비종을 주문하기 시작했다.

이 신비종은 생산만 하여 공급 해 주면 비료가격은 공급사(supplier)가 요청하는 대로 지불하겠다는 조건이었다.

경영진에서는 시간을 다투어 공급시기를 앞 당기라는 지시가 내려 왔다.

어느 기술자는 이론적 검토 없이 단순한 경험 만으로 제조할 수 있다고 했다.

그렇지만, 그 당시 신비종 개발과 기술적으로 생산할 수 있는지의 여부를 판단 확정하는 업무는 공정과장(工程課長, Chief of Process Section)이었던 저자의 몫이었다.

저자는 주위에서 시간적으로 가장 빨리 생산 공급 해 달라는 주문 압박에도 불구하고 마음은 차분하였다.

이론적으로 제조 공정 상의 어떠한 위험요소의 잠재적 문제점이 있는 지의 여부를 세부적으로 검토 하고 나서 최종적 판단을 해야 한다는 것이 저자의 철칙이었다.

저자는 Agrico International사에 근무하는 Mr. James R. MacArthur에게 문의하여 최종적으로 제조공정 상의 안전을 확인한 후에 판정하겠다. 는 복안이 서 있었다.

이 신비종은 제조공정(manufacturing process)의 이론상 질산과 암모니아를 중화 반응 시켜서 공급해야 하기에 반응공정 중에서 폭약의 일종인 초안(硝安, Ammonium Nitrate, 질산암모니윰)이 형성될 가능성 때문에 폭발이 발생할 수 있는 매우 위험한 비료였다.

초안을 유류와 합성하면 다이너마이트가 되고 열만 가하면 폭발이 일어나게 된다.

비료제조 공정에는 유류로 방카C유, 또는 나프타를 사용하고 열을 가하는 노(爐, furnace)가 있다.

이론상 이 신비종을 선택하여 제조하게 되면 다이너마이트가 생성되고 가열되는 Furnace 공정이 있기에 폭발조건을 모두 갖추고 있는 화학공정이었다.

이러한 기초적 이론을 검토한 후 저자는 폭발 가능성에 등골이 오싹했다. 이론상 공정 기본검토가 끝나자 마자 바로 저자는 공장장 실로 올라가 비료제조 전문가이신 공장장님(현재 호주에 거주)께 이론 상의 폭발 위험성이 매우 높다는 사실을 보고 드렸다. 그리고 공장장님께 아래 내용으로 건의를 드렸다.

실제 제조상으로 이 질산태 비종이 얼마나 제조공정 상 위험한지를 미국합작사 Agrico International사에 근무 중인 Mr. James G. MacArthur에게 긴급으로 문의하여 자문을 얻은 후에 생산여부를 판단해야만 하는 것이 공정안전 상 지혜로운 길이라고 강력히 주장을 했다.

따라서, 이 새로운 신비종 개발은 공정안전 상 매우 예민한 문제이기에 1주일 만 시간적 여유를 달라고 공장장님께 용기를 내어 제안 했다.

공장장님께서는 쾌히 승낙 해 주셨다.

저자는 승낙과 동시에 Mr. MacArthur에게 상기 내용들을 종합하여 질산태 질소 신비종 제조공정 상의 공정안전에 대한 연구논문이나 참고자료가 있으면 긴급으로 보내주면 고맙겠다. 는 전문을 보냈다.

일주인 후에 Mr. MacArthur는 71페이지에 해당되는 생산제조 공정안전에 대한 연구논문 자료를 보내 주었다.

자료를 이론적 측면에서 세밀하게 검토 해 보니 제조 공정상 인산암모니윰, 황산암모니윰, 질산암모니윰, 염화가리가 혼합될 때 폭발할 가능성이 매우 높은 것으로 연구 보고되어 있었다.

경험 있는 기술자들이 누구나 다룰 수 있는 일반적인 제조 공정으로는 안전성이 보장되지 않기 때문에, 저자는 현재 제조공정을 가지고는 제조하지 않는 것이 공정안전을 최대로 보장한다는 기술적 결론을 내리게 되었다.

이 보고된 내용들을 요약한 자료들을 가지고 공장장님께 보고 드렸더니 이론적 근거를 보시고는 깜짝 놀라셨다.

공장장님께서는 이 이론적 근거에 따라, 우리 공장에서는 질산태 비종은 응용할 수 없는 공정이기에 더 이상 질산태 계통의 제조여부 검토를 불허 하셨다.
그 당시 경영진의 긴급한 지시와 어느 기술자의 요구대로 이론이 뒷받침되지 않은 경험에만 의존하여 판단을 내려 생산을 시도했더라면 어떤 상황이 발생하였을까?
이론적 바탕을 꿰뚫지 않고 다수결에 따라 무모하게 생산을 시도했더라면 재앙적 재해와 함께 지금의 국가적 제7비료공장은 존재하지 않았을 것이다. 저자는 그 때, 공장장님께 건의를 드려 정도(正道)를 밟은 것이 오늘의 제7비료공장(남해화학주식회사)의 지속적 생산을 할 수 있게 한 용기 있는 태도였다고 판단하고 있다.
이론이 뒷받침 되지 않고 단순한 경험으로 판단하여 의사결정하려는 기술은 반드시 휴먼에러(Human Errors)를 불러 오게 되고, 재앙적 재해를 남기게 되어 인류공헌에 역행하게 된다는 사실을 일 깨워 준 실질적이고 교훈적인 사례의 기술관리 이야기가 된다.
이 용기 있는 판단과 주장과 설득력 있는 태도가 얼마나 중요한지를 생각하면 하나님께서 도와 주셨구나. 하고 감사의 기도를 드린다.
그 당시 공장장님께서 서두르지 않으시며 과정을 중요시 다루시는 경영철학이 투철하셨던 점이 저자의 마음에 깊이 와 닿았었다.
'본대로, 느낀 대로, 있는 그대로를 직시하며 서두르지 않고 과정을 밟아가는 공학철학을 따른 것이 하나님께서 저자를 도와 주시지 않았을까?' 고 저자는 종교적 측면에서도 생각 해 보았다.
호주로 이민가신 그 당시 김수안 공장장님의 올바르신 경영철학과 공학철학이 있으셨기에 저자도 더불어 오늘에 있게 된 점을 이 지면을 통해서 나마, 다시 한번 그 당시 공장장님께 뜨거운 감사를 드린다.

6. 공학활동과 연계된 조직 구성원의 소통과 창의성

공학철학에 바탕 하여, 사회전반 조직 운영에 있어 대화 있는 발전은 조직의 화목한 분위기를 이끌어내어 모든 구성원들이 의사소통을 자유롭게 할 수 있게 되어 잠재된 모든 위험요소들은 휴먼에러를 발굴 해 낼 수 있는 바탕이 된다.
따라서, 대화 있는 발전은 공학철학의 근본 요소 중의 하나가 된다.
본 장의 내용은 한. 미 합작사인 제4비료공장(진해화학주식회사)과 제7비료공장(남해화학주식회사)에서 수많은 내국인 및 외국인들과 함께 일해오는 과정에서 배워
익히며 응용하고 실질적으로 경험(Hands-on Experience)한 내용들을 공학철학에 바탕 하여 휴먼에러(Human Errors, 人災)를 예방하는데 핵심적 역할을 한 요소들에 대하여 그 내용들을 요약한 것이다.
이 내용들은 공학철학에 바탕 하여 경영적인 측면과 기술적인 측면에서 필수적으로 실행 실천하며 갖춰야 할 핵심적 내용들이다.

국. 내외 사회 전반에 걸쳐 발생하는 제반 휴먼에러의 결과들은 경영철학과 공학철학이 부재되었거나 결여되었을 때 나타난 불안전한 상태(Unstable Condition)들에서 기인된 것이다. 특히 사회생활에서 인화협동, 창의약진, 책임완수에 해당되는 내용들을 공학철학에 바탕 하여 실질적으로 실천에 옮길 때 불안전한 조건들은 배제되어 사회 전반에 걸쳐 안전은 유지될 수 있을 뿐만 아니라, 휴먼에러(Human Errors, 人災) 또한 예방될 수 있다.

사회 전반 조직의 각 구성원들이 자유로운 분위기 속에서 최고 의사결정권자들과 자유롭게 의사소통하며, 그들이 구체화 시킨 경영철학과 공학철학에 바탕 한 경영전략을 실행 실천 해 나갈 때 제반 휴먼에러는 예방될 수 있을 뿐만 아니라, 이에 따라 전반의 경영목표는 성공리에 현실화 될 수 있다.

최고 의사결정권자가 공학철학에 바탕 하여 입체적인 사고의 눈으로 안과 밖을 동시에 보며 구성원들과 주위에 잠재된 위험요소들을 예측하고 문제점들을 미리 찾아 해결 해 나간다면 휴먼에러 (Human Errors, 人災)의 근본원인(Root cause, Contributing cause) 이 되는 불안전한 행동(Unstable Act), 불안전한 조건(Unstable Condition), 그리고 불안전한 의사결정(Decision-making in misjudgments)들은 모두 제거 할 수 있게 된다.

이들 근본원인들을 정확히 분석하고 판단해 내며 해결 해 낼 때 사회 전반의 조직 구성원들은 최고 의사결정권자에게 믿음을 갖게 되며 또한 자기 맡은 업무에 심혈을 기울이며 열중해 나갈 수 있게 됨으로써 사회 전반의 조직들은 기어코 휴먼에러를 예방할 수 있게 된다.

현대 사회는 공학철학에 바탕 한 •창의적 기술 및 공학, •구성조직, •의사결정권자의 경영방식; 이들 세가지 요소들을 입체적으로 통합, 통일하여 정의롭게 공동 발전시켜 나갈 수 있을 때 비로서 사회 전반 조직에 새로운 변화의 물결을 일으킬 수 있게 된다.

이러한 지속적인 새 물결의 변화를 통해서 사회전반의 조직들은 공학철학에 바탕 하여 지속적으로 진화 발전 해 나갈 수 있게 된다.

이러한 과정을 공학철학에 기반하여 정의롭게 밟아 나갈 수 있는 조건이 갖춰질 때 사회전반의 조직들은 휴먼에러들을 예방할 수 있게 된다.

따라서, 이들 세가지 삼위일체 요소들을 사회전반 조직들의 초석으로 하고 최고 의사결정권자가 공학철학의 바탕 하에 정의롭게 목표를 추진 해 나간다면 휴먼에러들을 예방할 수 있게 되고, 이로 인해 사회 전반의 조직들은 지속적인 새로운 변화의 물결을 타게 되어 국가 사회 전반에 지속적으로 기여하며 공헌할 수 있게 된다.

6.1. 인화 협동 (Spirit on harmony and cooperation)

공학철학에 바탕 하여, 사회전반 조직 운영에 있어 인화협동은 조직의 화목한 분위기를 이끌어내어 모든 구성원들이 의사소통을 자유롭게 할 수 있게 되어 공학철학에 바탕 된 잠재된 모든 위험요소들을 발굴 해 낼 수 있는 근본이 될 뿐만 아니라, 공학철학의 근본 요소 중의 하나가 된다.
여기서 언급하는 내용들은 공학철학의 궁극적 목적과 역할을 성취 해 나가는 데에 중요한 요소들이 된다.
이들 조직 생활의 인화협동을 위해서는:
1) 부드러움 속에 강함이 있어야 하고
2) Simple한 분위기 속에 그윽한 아름다움이 있어야 하며
3) 자기자신을 겸허히 돌보며 주위에 공학철학에 바탕 한 밝은 빛을 줄 수 있어야 한다.

6.1.1.Team Work와 Team Play

1) 한 사람의 머리보다는 두 사람의 머리가 낫고, 두 사람 보다는 세 사람의 머리가 낫다는 생각을 가지고 조직 생활을 한다.
2) 공동과제를 부여하여 새로운 업무개발에 도전하며, 창의적 새로운 분야를 개척 해 나가도록 한다.
3) 개성이 있고, 창의성이 있는 Team원이 될 수 있도록 유도해준다.

6.1.2. 개인보다 Group을 중시하며 명랑한 직장 분위기 조성

1) 성실한 관심을 베풀어준다.
2) 잘해냈을 때는 진심으로 칭찬해준다.
3) GROUP과 접할 때는 항상 직원의 이름을 불러준다.
4) GROUP의 힘에서 잠재력과 창의성이 나올 수 있다는 것을 일깨워준다.

6.1.3. 취미 클럽 활동으로 상호 협동 및 이해 증진

취미생활이야말로 우리 일상 및 조직생활에서 서로 의사소통하며 상호 문제점들을 사전에 조율하여 흔쾌히 해결하며 자신의 소양과 교양을 심전 경작할 수 있는 좋은 터전이 된다.
조직 구성원들 간에 취미활동을 서로 이해하고 증진시켜 상호 공감하고 공유함으로써 조직 간에 원활한 의사소통을 이룰 수 있게 된다.
따라서 조직 간의 직간접 비 지휘계통의 구성원들이 참여하는 취미클럽은 경영조직에서 발생되는 제반 현안 문제점들을 부드럽게 해결할 수 있도록 격의 없는 폭 넓은 대화를 유도하는 촉매제적 열린 공간이 된다.
여기서, 취미활동은 靜(정)적인 취미와 動(동)적인 취미로 구분할 수 있다.
1)靜(정)적인 취미: 각 구성원의 폭넓은 대화와 조화, 그리고 융화와 협동을 모색해 나가는 역할을 한다.
(예; 독서, 서예, 시/수필쓰기, 음악 및 예술 감상, 연극 및 명화 감상, 미술, 사진, 분재, 수석, 음악 곡 편집 등)

2)動(동)적인 취미: 각 구성원들 간의 현안 문제점들을 허심탄회하게 털어 놓을 수 있는 공간이 되며, 또한 상호 협동심을 발현하여 문제점 해결을 할 수 있는 공간이기도 하다.
뿐만 아니라, 구성원의 친화성 강화 및 극기훈련의 기회가 되며 자기 자신과의 싸움이 얼마나 중요한 것인가를 재 인식시켜 줄 수 있는 터전이기도 하다.
3)부서별 운동경기 장려: 족구, Soft Ball, 배구, Tennis등; 체력 단련을 통한 친밀감을 조성시켜 나간다.
4)팔방미인: 무엇이든지 해내겠다고 하는 의지의 정신을 배양 해 나간다.
5)Symphony Orchestra의 조화를 문화의 바탕에 둔다.

6.1.4. 대화의 광장조성

애로사항, 요망사항, 건의사항, 개선사항 등을 대화로 승화시켜 나간다.
1)각 구성원과의 대화: 하의상달, 상의하달 목적으로 자연스럽게 수시로 한다.
•직원 상호간의 이해증진
•공감대 영역 넓히기
•생산성 향상 등의 대화
2)개인 면담을 필요에 따라 자연스러운 분위기에서 응해준다.

6.1.5. 일상 생활

1)일간신문 사설 및 칼럼 읽고 scrap하기: 우리주변의 일들을 객관적이고, 합리적으로 사고판단(편협한 사고방식 배제) 하도록 분위기를 조성해 나간다.
2)명화(영화), 오페라, 심포니 오케스트라 감상: 종합예술을 통한 미적 감각 익히기를 강화하여 주위를 밝게 보는 눈을 갖도록 한다.
가치관 확립 및 기기장치 보전, 환경미화에 도움을 줄 수 있다.
입체적 사고판단에도 도움을 줄 수 있다.

6.1.6. 평가 및 인사고과

평가 자는 평가전에 공정하고, 객관적으로 평가 및 고과가 될 수 있도록 자기 자신과의 냉철한 대화를 하고 난 후에 양심적으로 정의롭게 평가하도록 한다.

6.1.7. 교양/소양 및 예의

1)서로 밝고 예의 바른 인사를 하도록 한다. 인사는 인간관계의 윤활유이다.

2)상호간에 기분 좋게 일할 수 있는 분위기를 조성해 준다.
밝은 표정과 목소리로 서로 감싸주고 대해주는 분위기를 조성해 나간다.
3)밝은 인사는 하면 할수록 좋은 유대를 갖는다.
4)고운 말씨는 상호 인격의 그윽한 향기를 불어 넣어 준다.
5)상사는 구성원들과 일과 후에 모임이나 회식을 갖고자 할 때는 구성원들의 선약을 고려하여 사전에 미리 약속시간을 예약해 주어야 한다.
즉 구성원들의 일과후의 시간을 상사가 독선적으로 이끌 때 조직의 화목한 분위기는 깨지게 된다. 는 것을 인식해야 한다.

6.1.8. 구성원의 육성 및 대화 소통교육

1)주요내용
•주요업무 및 향후 추진 계획내용
•공장운전 및 안전관리
•교양 및 예의
•상호발전을 위한 자세 등
•잘못을 하고도 입을 다물고 숨기는 것을 예방하여 사고재발을 예방하도록 한다.
2)특별한 과제를 주어 잘해냈을 때 칭찬을 하여 의욕과 성취감과 자신감을 갖도록 유도해 준다.
3)구성원들과 대화 시 어두운 면을 발견 시에는 원인을 분석, 해결에 도움을 준다.
4)실책에 대하여는 엄격하되, 솔직히 잘못을 인정할 때는 관용을 베풀고 때에 따라서는 잘못을 인정할 줄 아는 자신의 용기를 칭찬해 준다.
5)공과 사를 구별하여 업무를 추진시키고 업무 향상 발전에 도움을 주도록 그들을 배양 해 나간다.
6)직원 자신의 장점, 아름다운 점, 가능성을 적극적으로 인정해주고 칭찬 격려해 준다.
직원의 잠재능력을 끌어내도록 유도해 준다.
7)사유서나 경위서 처리: 일정기간 후(매년 말)에 본인에게 돌려주고, 두 번 다시 이런 류의 일이 재발되지 않도록 의욕을 고취 시켜준다.
상사와의 적대감 해소 방안에 도움을 준다.
8) " 선비는 자기를 알아주는 자를 위해서 죽는다" 고 했다.
9)직원을 편애하는 것은 금물이다. 화합의 장으로 종합 발전시켜 나가도록 한다.
10)고정 관념 배제: 융통성 있는 생활태도를 배양시켜 준다.

6.2. 창의적 도약 (Jumping on creative power)

기업 발전에 중요한 요소가 되는 창의적 도약은 조직 구성원들이 창의력을 발휘하여 새로운 변화에 적응하고 도전 해 나가는데 원동력을 제공해 준다.
또한 창의적 도약은 기업이 발전단계에 돌입될 때 새로운 아이디어를 창출해내고, 창의성을 창조해 낼 수 있는 계기를 조성 해 주게 된다.
창의적 도약을 잉태하기 위해서는:

- 객관적이고 과학적인 사고의 눈으로 사물을 대하고
- 합리적이고 Overall한 사고의 눈으로 사물을 관찰하고
- 입체적인 사고로 안과 밖을 동시에 볼 수 있는 눈을 갖도록 하며
- micro와 macro적인 눈으로 정적인 물체와 동적인 물체를 관찰할 때 가능하게 된다.

6.2.1. 최고 경영자의 Vision을 제시

최고 경영자의 경영방침, 경영철학, 중장기 계획을 간결하고, 구체적인 표현으로 명시 하여 전 직원에게 알려준다. 대내외로 공언, 공약한 내용 등도 포함시킨다.

6.2.2. 교육 및 자기 개발

1) Seminar와 Symposium에 적극적으로 참여하며, 최신의 자료와 주요 기술자료를 입수 하여 구성원의 발전을 유도한다.
2) 선진 외국 발간 최근 잡지를 구독하며 자기개발에 주력하도록 한다.
3) 최근 선진국의 기술수준과 기술발전 동향을 파악하여 자기 개발에 응용하도록 한다.

6.2.3. Idea bank와 Brain storming을 통 해 창의적 Idea 들을 창출

1) 창의적 Idea 및 제안을 유도해준다.
2) 창의적 Idea의 양을 늘려나가며 질적 수준을 높여 나간다.
3) 고정관념을 배제하고 융통성 있는 생활태도를 가지도록 유도해준다.

6.2.4. 새로운 변화에 접근

1) 평소 자기 전문분야의 업무에 정열을 쏟으며 전문성을 향상시키고, 전문성을 축적하면서 창의적 Idea를 개발 해 나갈 수 있도록 한다.
2) 새로운 기술 습득 및 폭넓은 시야로 새로운 분야에 도전할 수 있도록 분위기를 조성해 준다.
3) 고정관념을 배제하며 새로운 변화에 적응하도록 한다.
4) 새로운 변화에 접근할 수 있도록 분위기를 조성 해 준다.
5) 새로운 자료를 계속 입수하여 응용할 수 있는 기회를 마련 해 준다.

6) 국·내외 Seminar에 적극 참여시켜 발전 지향적 미래를 대비 하도록 한다.
7) 각종 주요제품 전시회에 적극 참여시켜 기술 정보수집 및 신개발 품에 접할 기회를 부여 해 준다.
8) 국·내외 관계기관 연구소를 방문하여 상호 개발의 기회를 부여하고, 새로운 연구부문 자료 입수 및 기술동향을 검토하여 응용해 나가도록 한다.
9) 전문분야의 전문가를 초빙하여 새로움에 접합 기회를 제공한다.
10) 새로운 Idea창출 및 창의력을 발휘할 수 있도록 충분한 휴식(rest)과 기분전환 풀이(pastime)를 즐기도록 한다.

6.2.5. 경쟁 의식 부여

1) 문제 해결을 위해 주위에 많은 자료들을 수집하여 응용하도록 한다.
2) Team work와 Team play를 통해 새로운 Idea를 창출하여 문제예측과 현안 문제점들에 대한 총체적 해결안을 발현하는 능력을 부여한다.

6.2.6. 문제의식 및 문제발견

1) 5W, 2H, 2C 즉,
   •5W: Who, What, Where, Why, When
   •2H: How Much, How To
   •2C: Cost, Communication을 최대로 활용하여 새로움에 접근할 수 있도록 분위기를 조성 해 준다.

6.3. 책임완수 (Accomplishment in responsibility)

경영 조직 운영관리에 있어 책임완수 내용을 필수적으로 다루어 나가야 조직 구성원들은 성장 발전해 나갈 수 있다.
조직 구성원들은 맡은바 책임이 얼마나 중요하고, 각자의 책임이 경영 조직에 얼마나 막대한 영향을 미치게 되는가를 조직 구성원 모두에게 인식시켜야 한다.
책임에 대한 개념이 경영조직에서 무시되고, 대중인기 영합주의 표퓰리즘(Populism)에 편승하여 정확한 인식이 결여된 상태에서 경영조직을 운영할 때 그 경영조직은 마치 하늘을 치솟을 듯한 마천루의 지반을 빼내는 결과를 초래하게 된다.
책임완수를 위해 다음 내용들을 염두에 두고 심사숙고 해 보기로 한다.

•항상 배우고 공부하는 자세로 신선함과 젊음을 유지해 나가며
•겸손하고 자유로운 분위기 속에 대화를 자유자재로 해나가도록 하며
•자연과학과 사회과학을 바탕으로 한 이론을 구분하여 정립하면서 의사결정 해 나갈 때 결실을 얻을 수 있다.

6.3.1. 발전을 위한 사고 판단기준

1) 철학 (Philosophy)을 마음의 base에 둔다.

2) 자연과학 측면의 의사결정은 다수결로 판단하거나 결정할 수 없는 사항임을 인지해야 한다. 한 사람이 옳아도 즉 1%의 구성원의 판단이 옳을 때 나머지 부정확한 99%의 구성원들은 이 1%의 옳은 방법과 구성원을 따라야 한다.

사회과학 측면의 의사결정은 과반수 이상이 찬성하면 그것을 따라야 한다.

즉 사회과학 측면과 자연과학 측면 중 어느 쪽에 비중이 더 큰지를 파악하고 분석한 후에 판단하고 의사결정 한다.

6.3.2. OJT (On-The-Job Training) 훈련 교육: 현장지식 및 책임의식 부여

1) 조직 구성원의 Job position 변경 시에는 소정의 필수 교육을 이수토록 하고, 그 이해 정도를 정확히 평가해야 한다.
2) 교육 평가: 현장실기 평가(100점), 이론평가(100점), Report (100점)
   각 평가 공히 95점 이상 평가된 구성원에게 업무를 부여하고, 이어서 바로 나머지 5%에 해당되는 내용도 재교육을 시켜 다시금 평가해야 한다.
3)새로 부임한 신입직원에게는 안전이 업무에서 제일 우선이란 점을 체질화 되도록 초기에 철저히 교육해야 한다.

6.3.3. 교 육

1) 안전교육: 강의실에서 주기적으로 정기 안전교육과 현장에서 Spot 교육을 정기적으로 실시한다.
2) 직무 교육 및 정신교육: 교안 작성하여 일정주기로 반복 교육시키고 평가한다.

6.3.4. 확인, 점검

1) 주요 확인 점검내용은 다음과 같다.
   •기기장치 예방 정비부문
   •안전 관리 부문
   •작업현장 주위 정리정돈(Housekeeping) 부문
2)확인 점검 방법: 매월 말 또는 매월 초 현장 답사 점검하고 미비점을 list up하여 보완조치 하도록 한다.

3)확인해야 할 내용들을 list up하고, 점검 자를 선정하여 월 1회 이상 실시하도록 하고 그 내용들을 시정 조치하도록 한다.

6.3.5. 보고 및 회의

1)매일 오전 책임자는 반드시 현장을 방문하고 문제점들을 파악하고 시정 조치한다.
2) 매일 오후 책임자 회의를 주선한다. (주요사항: 의사결정 및 현안문제 대책회의를 한다)
3)자기맡은 업무: 우선순위(Priority)를 선정하여 그 순위에 따라 문제를 해결한다.

6.3.6. Process 앞에서의 마음가짐: Safety를 감안할 때의 근무 3원칙

1)Process상의 길이 아니면 가지를 말고, 새로운 길을 찾아 나선다.
2)Process상의 원리, 원칙에서 벗어나면 행하지를 말고, 상위자 에게 그 내용을 보고하고 협의한 후에 그 결과를 따르도록 한다.
Process상의 원리, 원칙을 무시하고 단독으로 의사 결정하여 시행할 때 대형 안전사고를 피할 길이 없다는 사실을 명심해야 한다.
3)판단이 흐리거나, 부정확 할 때는 그 즉시 행하지 말고, 즉시 상위자 에게 보고하고 상호 협의한 후에 그 내용들을 시정 조치를 해야 한다.

6.3.7. 기기장치 점검 시 자세

1) 정확히 보기 위해서: • Flash Light를 몸에 지닌다.
2) 초기에 막기 위해서: • 최적의 공구를 몸에 지닌다.
3) 정확히 기억하기 위해서: • 각자 메모 수첩을 몸에 지닌다.
4) 분석을 정확히 하기 위해서 해당 사항을 기계적 눈(eye)인 카메라에 담는다.

6.3.8. 업무 처리상의 주안점

1) 내재되어 있는 문제점들을 조기에 발견하여 문제의식을 갖도록 한다.
2) 남들이 무심코 지나친 일중에서 새로운 문제점을 찾도록 한다.
3) 상호 선의의 경쟁을 유도하여 각 조직 간에 공동으로 문제점들을 해결해 보도록 한다.
4) 맡은 업무를 중요 순(priority)으로 정리하여 문제점들을 예측하고 미리 해결 해 나가도록 한다.
5) 업무 중에 미비한 점들을 파악하여 의문점으로 만들어 그 해결책을 찾아 나간다.
6) 각 기기장치의 기능과 목적을 정확히 이해하고 다루도록 한다.
7) 각 프로세스(process)를 정확히 이해하고 기억하여 만일의 비상사태에 대비한다.

6.3.9. 업무를 지시할 때

1) 상호 memo 할 것을 준비한다. (자기의 머리 만을 믿고, 자만해서 휴먼에러(Human Errors)를 범하지 않도록 한다.
2) 지시하는 일의 목적을 명확하게, 간결히 주요 요점을 전 해 준다.
3) 추진할 때 반드시 주의 해야 할 내용을 친절히 자세하게 가르쳐 주고 이해 정도를 확인한다.
4) 초기 보고, 중간 보고, 최종 보고를 해 야할 일자를 정 해 준다.
5) 조직 구성원 간에 상호 불확실한 점을 확인하기 위해서 반드시 질문을 시키고, 이해 정도를 확인한다.
6) 궤도 수정은 필요 시 지체하지 말고 즉시 시정토록 한다.
   (용기 있는 자는 아집을 버리고 적절히 궤도를 수정하는 융통성을 가졌기에 아름답다.)

6.3.10. 문제점 해결 방안

1) 현황을 면밀히 파악한다.
2) 진행하여온 과정을 면밀히 분석한다.
3) 문제점들을 도출하고 원인을 세밀히 정확하게 분석한다.
4) 설계조건과 운전 parameter들을 정확하게 비교 분석한다.
5) 문제점의 근본원인(root cause)을 정확히 규명 해 낸다.
6) 장 시간이 요구되는 문제점에 대하여는 향후 대책을 강구하여 상위 자와 협의한 후에 처리 해 나가도록 한다.

6.3.11. 목표 관리

1) 사전계획을 폭 넓고 깊이 있게, 그리고 정학하고 세밀하게 세우도록 한다.
2) 모든 장애 및 비상사태 요인에 대비토록 한다. (최악의 경우에 대비하여 요인들을 분석하고 대책은 최악의 조건을 만족할 수 있도록 강구토록 한다)
3) 보고는 신속히 하도록 하고, 중간보고를 즉시 즉시 하도록 한다.
4)현재 진행시키고 있는 방법중의 결함이 발견될 시에는 즉시 그 해결책을 강구하여 개선(궤도수정)을 하여야 한다.
5) 방침, 계획, 진행관리, 시행 방법 등에 대하여 의사소통이 충분히 이루어 지도록 한다.

6.3.12. 신상필벌

여기서 신상필벌의 이행사항은 공학활동에서 사고 및 재발을 예방하기 위함이며, 또한 공학활동에서 부정 부패를 부르는 원인들을 예방하고 근절하기 위해서 필수 사항이다.

1) 책임소재를 명확히 구분하여 처리토록 한다.
2) 똑같은 잘못이나 실수가 발생되지 않도록 근본 대책 및 방안을 강구한다.
3) 정직하지 못한 행위는 제2의 사고를 유발시킬 수 있다는 점을 인지해야 한다.

6.3.13. Process Revision과 Modification:

공정 상의 문제점이 발견되어 Design 변경이 요구될 때는 프로세스를 개선하고 개량 해나가야 한다.

1)PFD와 P & ID를 면밀히 분석하고 정확히 검토하여 이론과 비교 검토하여 정립한다.
2) 정립된 이론을 가지고 관계부서와 상호 검토한 후 그 결과내용을 응용하도록 한다.
3) 이론을 바탕으로 한 내용을 소속 상위자 에게 상세히 보고한 후, 필요 시 외국설계사에 문의하여 내용을 보완 시행하도록 한다.
4) 제반 주요공정, 안전 및 환경에 관한 피해 영향범위에 대한 중요한 사항들은 해당 관계부서의 책임자들과 재검토 한 후 시행하도록 한다.
5) 그 어떤 경우에도 process revision과 modification, 그리고 설계변경은 상기 절차 없이 단독적으로 의사결정 할 수 없다는 내용을 인지해야 한다.

6.3.14. Interlock System 및 System Trip때 시운전

Interlock System 및 System Trip 때의 프로세스 조건과 실행 상태에서의 조건이 상이하여 이 시스템들의 자동제어가 정확히 이뤄지지 않을 때는 대형 Process 사고와 조우하게 된다.

이들을 예방하기 위해서:

1) Interlock System을 설계된 조건 대로 정확히 실행해야 한다.
2) 그 어떠한 경우에도 임의로 이들 설계된 제어 조건들을 생략하거나 우회(By-pass) 조정을 해서는 안되며, 반드시 설계된 조건 데로 유지 해야 한다.
3) 공정 제어 상에 자동제어(Interlock Trip)가 되었을 때는 그 원인을 정확히 규명한 뒤에 규범(Manual)에 명기된 절차를 따른다.

Note: 자동제어(Interlock Trip)가 되었을 때는 그 근본 원인(Root Cause)이 규명되지 않은 상태에서 절대로 재 가동해서는 안되며, 그 근본원인이 정확히 밝혀 진 뒤에 규범에 명기된 절차를 따라 정상화 시키도록 한다.
근본원인 규명 시에는 계기와 전기, 그리고 기기장치 전담 부서인 공무부문 담당 전문 기술자의 입회 하에 함께 원인 규명해야 한다.

6.4. 공학활동에 있어서 긴급사고 예방

공학활동의 목표를 향하는 길목에는 비상사태라고 하는 긴급상황이 나타날 수가 있다. 공학활동 중에 긴급상황이 발생할 때는 긴급상황에 맞서 침착하고 차분하게 공정제어(Process Control)을 해 주어야 한다.

긴급상황에서의 문제해결을 하기 위해서는 평소 공학활동 현장의 각 요소요소들을 세밀하게 관찰하고 기기장치들의 상태를 면밀하게 파악하고 있어야 한다.

공학활동에 있어 공정 프로세스와 기기장치들이 긴급상황을 불러 오게 되고 사고를 발생시키게 된다.

다음 사항들을 공학활동 중에 긴급사고 예방을 위한 주안점들이다.

1) 기기장치의 운전교본은 사전 입수되어 정확히 번역되었으며, 혹시 번역 과정에서 원문의 이해 곤란으로 삭제된 부분은 없는지를 확인해야 한다.
2) 각 기기장치에 명기된 주의사항은 충분히 이해되고 교육되었는지를 확인해야 한다.
3) 생산공정과 기기장치에 대하여 이론적으로 세밀하고 정확히 교육되어야 하며, 팀 플레이를 할 조직 구성원들 간에 상호 정확한 이해가 되어 있어야 한다.
4) 현장에 설치되어 있는 공정장치 및 기기장치가 세부 설계내용과 다른 기기장치로 잘못 설치 되어 있는지를 점검 확인한다.
5) 현장에 설치되어 있는 안전 장치들이 긴급사고에 대비하여 충분한 기능을 할 수 있도록 설계 대로 갖추고 있는지 확인 점검한다.
6) 각 공정에 설치되어 있는 작동장치, 제어장치, 안전장치 등의 설치목적과 그 기능에 대하여 세밀하고 정화하게 교육되어야 한다.
7) 각 기계장치의 정상조건과 비교하여 비정상조건의 원인은 어떤 조건에서 발생되는지를 정확하고 세밀하게 교육시켜야 한다.
8) 현장에서 모의운전을 통하여 전 공정을 완전히 익힐 수 있도록 해야 한다.
9) 전 공정의 가동순서와 정지순서는 왜 지시된 순서대로 해야 하는지를 교육시키고 이해 시켜야 한다.
10) 공학활동 에있어 긴급상황에 대비하여 공정안전제어 설계내용과 실제 제어관계는 사전에 점검되어야 한다.
11) 조직 구성원들의 정신적인 자세와 심리적 상태가 안정되어 있는지 세밀하게 확인하고 정상 상태일 때에 한하여 공정 조정을 할 수 있게 한다.

7. 사회생활 속의 안전사고 예방

'국가안전재해 최고 의사결정권자와 기업 최고경영자들은 안전제일(safety first)의 정신에 바탕하여, 실질적 비상 안전대책과 안전문화를 경영방침의 최우선 순위로 선정하여 운영하고 경영 해 나가야 한다.' 고 본다.

'이렇게 할 때 구성원들과 그들의 가족은 물론, 사회·국가를 재해로부터 해방시킬 수 있고 보호해 나갈 수 있다.' 고 본다.

'제반 안전사고와 재해에 대비하여 실질적이고 전문적인 대비책을 강구하고, 전문성에 바탕 하여 교육과 훈련을 실질적으로 실행실천 해 나가야 한다.' 고 본다. 자연적/사회적 위험요소들을 이론에 바탕 하여 실질적으로 구분하고, 지속적으로 관리 해 나갈 수 있는 실질적 방법들을 제시해야 한다.

이러한 실질적 방법들을 통하여, 위험물질과 독극물의 누출과 확산, 화재, 폭발, 환경오염 등과 같은 치명적 대형사고를 예방하고 피해를 최소화 할 수 있다.

대형사고가 발생할 경우에는 근로자와 가족뿐만 아니라 인근 주민과 사회·국가 그리고 주위환경에 재앙적 피해를 입히게 된다.

제반 안전사고예방 및 안전관리에 지속적으로 최대의 관심을 가지고 효과적으로 총괄 관리 해 나갈 때 피해와 재해를 최소화할 수 있게 된다.

'어느 한 과정이 생략된 안전 관리는 있을 수 없다.' 는 사실을 마음속에 깊이 아로새겨야 한다.

실무 경험을 가진 안전·환경 전문가들은 모든 사고의 원인들은 어디에서 오는 지를 잘 알고 있다. 고 본다.

제반 사고의 근본원인(root causes)을 감추거나 다른 각도로 돌리려고 할 때 근본원인분석은 복잡해 지고 그 원인은 찾을 수 없게 되어, 제2, 제3의 사고로 이어지고, 그 결과 똑 같은 사고가 재발한다는 것은 명약관화 하다.

사고가 날 경우, '그 주변에는 반드시 아래 사항의 문제점들이 숨어 있었다.' 는 것을 우리 세대들은 반드시 알아 둘 필요가 있다.

숨어있는 부정적인 핵심적 문제점들은 아래와 같다.

- 최고의사결정권자와 책임자의 철학적/윤리적 판단빈곤에 의한 양심결여로 부정적 의사결정의 판단오류가 있었다.
- 관리자와 실무자들의 소양, 행정, 기술수준에 취약성이 있었다.
- 최고의사결정권자의 경영철학빈곤으로 신상필벌 규정을 미 준수 해 왔었다. (하부 구성원들의 반대에 동의하는 나약함을 보였다.)
- 책임자와 관리자들이 법규, 규정, 제반 규격(specification)을 준수하지 안았다.
- 최고의사결정권자와 책임자, 관리자들의 부정·부패로 연결된 부실운영이 있었다.
- 각 분야의 정책입안, 계획수립 및 운영에 human error(人災, 인재)의 결함이 있었다.

- 갑작스런 기후변화에 따른 주위 환경변화에 대응하는 자발적 능력과 책임정신이 결여되어 있었다.
- 설계기준과 규격설정에 취약성이 있었고 human error를 내포하고 있었다.
  (예: 정전기 안전관리 규정이 준비되지 않았기에 관리 운영에 소홀했다.)
- 위기관리에 대응하여 시나리오 연구(scenario study)를 수행하지 않았다.
- 제반 안전교육과 훈련이 주기적으로 안전관리규정에 따라 이루어 지지 않았고, 안전지침을 준수하지 않았다.
- 위험요소 집중관리 매뉴얼을 준비하지 않았기에 교육도 없었다.
- 설계변경에 따른 규정 및 절차서가 준비되어 있지 않았기에 이를 따를 수가 없었다.
- 위험 및 사고에 대비하여 안전장치를 설계에 반영하지 않은 human error가 내포되어 있었다.
- 안전 보호구와 안전 장비를 현장에 비치하지 않았다.
- 현황 안전 점건 및 운영 기록지(log sheet)를 허위로 기록하고 보고했다.
- 각종 해당되는 안전작업허가서가 준비되어 있지 않았기에, 작업 전에 허가서를 발행하지 않았다.
- 안전장비 및 화재소화시설과 장비가 불충분하였고, 불량하였다. 그리고 그 사용법과 훈련이 주기적으로 교육되지 않았다.
- 위험물 저장시설, 수송관, 지하배수관, 제품운송차량, 선박 및 화차 등의 관리규정 매뉴얼이 준비되지 않았기에 관리운영 및 교육훈련이 소홀했다.
- 특수 위험물질 안전관리 규정이 준비되지 않았기에 교육 훈련에 소홀했다.
- 환경오염물질 현상파악 규정 매뉴얼이 준비되지 않아 관리운영에 소홀했다.
- 긴급상황시의 대응 전략이 준비되어있지 않고, 이의 주기적 훈련이 되어 있지 않았다. 등이다.

저자는 앞으로 꿈과 목표를 정의롭게 향하여 가는 학생들은 이러한 기성세대의 부정적 판단오류를 범하지 안기를 바란다.

위의 예에서 보는 바와 같이 사고의 근본원인은 쉽게 분석 해 낼 수가 있다.

그렇기에 구성원들은 사고가 발생하기 전에 무엇이 진전되고, 궁극적으로 무엇이 발생할 것인가?를 일깨 워 나가야 한다.

그리고 구성원들은 후유증으로 나타날 수 있는 제반 사고의 악 영향에 대하여 최고의사결정권자에게 용기를 가지고 직언하며 반드시 목적하는 바를 설득 해 내고 지속적으로 사업추진 해 나가야 한다.

앞에서 언급한 "숨어있는 부정적인 핵심적 문제점" 과 연관되어 철학과 윤리에 위배되는 사항에 대하여는 그 어떠한 경우에든 실행해서는 안되며, 운영 매뉴얼에 명기된 사항들은 생략없이 반드시 실행실천 하도록 해야 한다. 그리고 원리 원칙에 따라, 준비된 법규, 규정, 수칙들은 예외 없이 실행 실천 해 나가야 한다. 는 것을 밝혀 둔다.

그렇지만 법규, 규정 및 기준 내용이 현실에 합당하지 않을 경우에는 그 내용들을 발견과 함께 즉시 절차에 따라 그 내용들을 수정 보완하여 시행하도록 해야 한다.
특히, '상기에 언급한 내용들을 집행 하는 과정에 부정적으로 부정, 부패를 저지른 해당자들은 반드시 색출하여 법적 최고형으로 예외 없이 다스려야 만이 국민은 행복 해 지고, 사회·국가는 건강히 존립할 수 있게 된다.' 는 사실을 마음에 깊이 새겨야 한다.
신상필벌의 기초적 관리방법을 실행하는 데에 있어서는 철학적/윤리적 차원에서 해석하고 이를 반드시 실행 해 나가야 한다.
아울러 '상기 문제점들의 근본 원인은 무엇이며, 그것은 어디로부터 오는가 등등을 전략적인 측면에서 검토하고 미리 대응해 해 나가야 한다.' 고 본다.

7.1. 의사결정의 구분

최고경영자나 책임 있는 고위급 간부 들이 철학적 의사결정을 하지 못하고, 또한 자연과학적 사고에 의한 의사결정 대신 사회과학적 사고로 의사 결정하는 예가 발생 할 때에는 돌이 킬 수 없는 상황에 빠지게 된다. 는 것을 인식 해야 한다.
신입사원 시절에 무엇을 어떻게 가르칠 것인 가가 훗날 그들이 성장하여 국가사회와 기업에 얼마나 위대한 업적을 남기게 되고 기여하게 되는 가가 결정 나게 된다는 사실을 최고 경영진은 마음에 깊이 아로새겨야 한다.

7.2. 교육 훈련평가: 5%가 문제다.

예측되는 모든 사고들을 예방하기 위해서 교육 훈련은 스파르타 식으로 세밀하고 철저하게 시킬 필요가 있다.
환자는 의사의 판단과 손에 따라 살고 죽을 수가 있기 때문에 보통 사람들도 안전사고 예방의 의사가 될 수 있게끔 교육 훈련에 최우선을 두고 예외 없이 최선을 다 해야 한다.
그리고 더욱 중요하게는 전반적인 안전교육 평가를 100점 만점에 95점 이상을 받았다 하더라도, 이에 만족하지 말고, 나머지 문제가 되는 5점의 해당 문제점들을 찾아 미리 해결해야 한다.
바로 이 5%의 결함이 또 다른 사고를 유발 시킬 수 있는 주요 요소가 된다는 사실을 명심해야 한다.
따라서 5%에 해당하는 내용은 재교육을 통해 보완해 주고 재 평가를 해야 한다.

7.3. 대학 산 · 학 교육

여러 외국 공장에서 대학 출신 기술자들의 업무능력을 관찰 해 볼 때, 그들은 현장에 투입되면서부터 거의 애로사항 없이 공장설계 및 보완업무에 즐거움을 보이며 일할 뿐만 아니라, 문제점 들을 직시하고 예상하면서 필요에 따라서는 두려움이나 거리낌 없이 스스로 안전하게 응용 단계에 돌입하는 것을 보고는 우리나라 기술자 들과는 많은 차이점이 있음을 느껴 본 바가 종종 있었다.
그들 교육은 산업현장과 대학교육을 연계하여 한 울타리 내에서 물과 기름과 같이 구분하지 않고, 항상 함께 공존 한다는 인식 하에 산업현장의 위험성에 따른 두려움 없이 현장 분위기에 친근해 지며 그들을 이해하고 배우며 동화되면서 밝게 자라나고 있는 것을 알 수가 있었다.
따라서, 우리나라의 공학전공 학생들도 산업현장의 환경과 여건을 충분히 이해하고, 현장에 투입되는 순간부터 옳게 정립된 그 공장문화에 적응해 나갈 수 있는 자세를 갖추어 나가는 것이 바람직하다.
더욱 바라건 데는, 산업 현장에서 2~3년의 실제경험(Hands-on Experiences)을 습득하고, 응용(application)단계를 거친 후에 학계나 연구소에 남아 더욱 응용력과 창조적인 연구 개발로 국가와 사회에 공헌 해 줄 수 있다면 본인 뿐만 아니라, 국가의 미래 발전을 위해서 금상첨화가 될 것으로 판단한다.
제반 안전관리는 적기에 이뤄져야 하며 때를 놓친 후에 씨앗을 뿌리는 결과를 초래해서는 안되겠다.
"안전사고 예방" 이라는 이 주제의 내용을 이해 못하고 소홀히 다룰 경우에 이로 인한 피해는 인명손실과 자산손실, 그리고 생태계의 환경피해 등을 불러 오게 되는데, 그 피해범위는 상상을 초월하게 된다.
따라서 이에 영향을 받아 피해를 입게 될 경우의 불행은 대를 이어 치유되기 어렵다.
그 결과 그날까지의 행복은 블랙홀(black hole)로 빠져들게 되어, 시간이 흘러도 잃어 버린 행복을 되찾기란 거의 불가능하게 된다.
청소년과 대학생들이 꿈과 목표를 이루어 가는 과정에 이러한 상태의 안전사고를 당한다면 그대들의 삶은 어떻게 될까?

8. 부정부패의 예방

휴머니즘(Humanism)을 바탕 한 공학(Engineering)의 관점에서 우리나라 대한민국을 조명해 볼 때, 반드시 기조(基調)에 두고 예외 없이 지켜야 할 3가지 부문의 소양(素養): 공학철학과 공학윤리, 그리고 공학적 의사결정의 판단기준이 결여된 국가사회에 노출되어 살아가고 있다는 것을 절실히 깨닫게 된다. 결과 국가사회는 현재 핵심적 분야까지 오염된 부정부패로 존망지추(存亡之秋)에 서있다.
비록 늦기는 했지만 이제라도 건전한 국가사회의 미래를 향하여 성장발전의 원동력이 되고 지도력 (leadership)을 발휘 해 나갈 수 있는 인재들을 육성 해 내기 위해 대학에서는 학생들에게 철학과 윤리, 그리고 의사결정의 이 3가지 교양과목을 필수로 이수하게 하고 그들을 사회에 배출시켜야 현재의 위기를 극복할 수 있다. 고 본다.
이 3가지 필수 교양과목을 이수하지 않고 사회에 배출하게 되면 그들 대부분 은 검은 돈(black

money) 앞에서 자유롭게 헤쳐 나오기가 어렵게 된다.
이3가지 필수 교양과목을 대학에서 학생들에게 이수시켜 사회에 배출 시킨다는 전재하에 아래와 같이 전개 해 보기로 한다.
국가존망의 위기를 몰고 올 수 있는 최근에 발생했던 원자력발전소를 예를 들어 보기로 한다.
최근에 원전비리가 터져 나왔다. 모든 사고에는 위기일발 아차 사고(near-accident, near-miss)와 휴먼에러 (human error, 人災, 인재)라고 하는 인간의 실수가 항상 잠재되어 있다.
더욱 중요한 것은 최고 의사결정권자와 책임자들에게 공학철학과 공학윤리가 결여되어 있을 뿐만 아니라, 이에 따른 부정행위가 국가의 존립을 위태롭게 할 정도의 수준에 이르고 있는 실정이다.
최근 대한민국에서 발생한 원자력발전소에 납품되는 기기장치 부품인 제어 케이블 (Control Cable)의 시험성적서 변조와 불량 부품 사용에 대한 전문인들의 철학적/윤리적 결함 행위는 3개 철학적 카테고리; 공학철학, 공학윤리, 그리고 의사결정에 대한 철학과 윤리의 결여가 자초한 Human Error의 주요 원인이 된다.
최근에 대한민국 원자력발전소에서 발생한 부정 행위에 대하여 알아 본 결과,
이중에 비상정전사고, 비상가동중지, 비상발전기고장 등은 일부 직원들의 부정행위에서 초래된 부품의 불량품들이 공정 제어 계통이나 기기장치에 순 정품 대신에 투입되어 조립된 데에 기인될 수도 있다.
불량부품들이 자동제어계통(Automatic Control System)에 투입되어 조립된다면 비상 조건에서 자동제어가 교란될 수 있을 뿐만 아니라, 이 때 긴급조치로 정상화를 시도하는 과정에 Human Errors가 발생하게 되면 최근에 발생했던 일본의 후쿠시마 원자력 발전소의 대 재앙적 재해와 같은 결과를 초래하게 될 것이다. 라는 것은 자명한 일이다. 설상가상으로 공학 인이나 기술 인들이 생명을 걸고 지켜내야 할 정도 (正道)의 행위에 역행한 행동: 즉, 사고은폐, 관리 및 보고소홀, 품질보증서 허위조작, 시험성적서 위조 및 허위조작, 성능시험기피, 안전성평가 누락, 불량부품사용 등은 대한민국 5천만 국민의 생명은 어떻게 될 것인가? 하고 자문 해 본다.
왜냐면, 대한민국 좁은 땅에 현재 23개의 원자력 발전소가 가동 중에 있기 때문에 부정행위나 Human Errors로 사고(Accidents)를 불러 오게 되면 국가는 온전히 존립할 수 있겠는가?
방사성물질은 일반 화학제품들과는 그 성질이 전혀 다르기 때문이다.
또한 대기, 토양, 수질 등을 오염시키고 생태계를 완전히 파멸시킨다.
더욱 더 방사성 물질에 노출, 접촉되면 사망에 이르게 되고 암이 유발되어 생명을 잃게 된다.
휴머니즘(Humanism, 인간성, 인문/인본주의)을 근본으로 하여 Humanity (인간성과 인간다움, 그리고 인간애)로 인간의 생명과 존엄성, 생태계의 보존, 그리고 인류의 공존을 최 우선으로 하며 인류에 공헌해야 할 엔지니어 (Engineer)의 숭고한 정신을 저버린 최악의 부정행위의 예들이다.
따라서 원자력 발전소 총괄운영에 있어 부정행위로 대 재앙적 재해를 불러 오게 하는 비인간적

행위에 가담 했거나, 부정행위에 영향을 미친 책임자와 의사결정권자들은 대한민국 5천만 국민의 생명을 담보로 부정행위를 저질렀기에 이들 해당자들에게는 법정 최고형에 준하는 판결로 엄중한 처벌을 받도록 해야 한다.
왜냐면 국가사회의 건전한 존립을 위해서 반드시 지켜내야 할 법정 관리이기 때문이다.
최근에 발생했던 일본의 후쿠시마 원자력 발전소의 사고 내용과 그 처리과정 에서 나타나는 최악의 현상, 그리고 그 사고의 교훈은 무엇인지를 우리 대한민국 위정자들과 법조인들은 왼쪽 가슴에 손을 얹고 심사숙고하며 예외 없이 정도(正道)의 길을 걸어야 한다.
반드시 이들은 국가사회의 건전한 존립을 지켜내야 할 의무가 있으며 부정 부패의 먹이사슬에서 벗어나 5천만 국민들의 인명과 자산이 손실되지 않도록 정의롭게 의사결정 해 줄 것을 간절히 바라는 마음이다.

9. 뇌물과 선물의 구분

삶을 살아 가면서 뇌물(賂物, bribe) 앞에 유혹되어 꿈과 목표를 펼쳐보기도 전에 도중하차 해야 하는 경우를 종종 보게 된다.
뇌물을 주는 사람들은 그들의 목적을 달성하기 위해서 권력관계자나 의사결정권자들을 찾아와서 몰래 재물을 건 내는 경우가 많다.
그 어느 조직에서든지 일을 처리하는 과정에 돈과 연관되는 부서에서 일을 하게 되면 상대방은 부당한 이익을 챙기기 위해서 권력관계자나 의사결정권자를 찾아오게 된다.
이 때 그들은 무엇을 원하는지를 말하면서 목적하는 바를 청탁하게 된다.
청탁하면서 그 대가로 뇌물을 건 낸다.
그들이 뇌물을 건 낼 때 권력관계자나 의사결정권자는 앞에서 언급한 제4부 3의 "철학적 의사결정"에 명시된 "철학적, 윤리적 판단기준 6가지"에 비추어 정의롭게 의사결정을 해야 하는데 부정의 재물 앞에 유혹되어 그만 대가성 뇌물을 받게 되는 경우가 있게 된다.
일단 그 뇌물을 받게 되면 그 순간부터는 권력과 의사결정의 노예가 되어 그들의 수중에 들어 가게 됨으로 그들이 요구하는 대로 처신하게 되는 비참하고 불행한 상태에 빠지게 된다.
따라서 그들이 대가성 뇌물을 전하려고 하는 기색이 보이면 "철학적, 윤리적 판단기준 6가지"에 따라 자기 자신과의 싸움을 해야 하는 극기력을 발휘 해야 한다.
그들의 속성(屬性)은 뇌물을 주고 난 후에 주위 사람들에게 그 사실을 흘리게 되어 비밀보장이 될 수가 없는 사례가 비일비재하다.
뿐만 아니라, 그들이 불리할 때는 언제나 그 사실을 폭로하게 된다.
정의롭지 못하게 흐른 대가성 뇌물은 권력관계자나 의사결정권자를 그 자리에 두지를 않고 도중하차시키게 된다.
우리세대들은 각자 뇌물과 선물에 대하여 정확히 인식하고 대가성 뇌물 수수(授受, giving and

receiving)로 인해 꿈과 목표가 깨지는 일이 없도록 해야 한다.
대 가성이나 부정적 요소가 없고, 의례적인 선물(膳物, present, gift)과 대가성이 숨어 있고 목적달성을 위해 남 몰래 전달하는 뇌물을 혼동하지 않도록 지혜롭고 용기 있는 판단을 해야 한다.
특히, 설날이나 한가위 등 명절에 의례적으로 전하는 수 만원 정도의 값싼 부담 없는 비대가성 선물은 받을 수 있다고 본다.
사회생활에서 이와 같은 대가성 없는 선물을 주고 받는 것은 인간애 (humanity)를 돈독히 할 수 있어 바람직하다고 생각한다.
그렇지만, 우리세대들이 뇌물과 선물을 구분 못하고 대가성 뇌물로 재물을 받았을 때 그 후유증으로 인해 그들은 불행에 빠지게 되며, 더 이상의 행복은 추구하기 힘들게 된다.
행복을 추구하는 과정에 부정적 요소들은 진화하며 우리세대들을 괴롭힐 수가 있다. 자기 자신과의 싸움에서 이길 수 있는 극기력을 평소 길러 내야 하는 이유이기도 하다.

10. 재해 예방을 위한 안전문화 정책수립

공장을 소유, 가동하는 기업체와 연구소는 그들 생산활동에 응용하는 총체적 공장의 공정과 시설에 대하여 기업체의 안전문화 정책을 제정 공포하고 이를 실행 실천함 으로서 이들 공장에서 발생될 수 있는 제반 Human Error들을 미연에 방지 하여 인명피해와 자산손실을 최소화 하고 생태계를 보호해야 한다.
따라서 기업체와 연구소는 안전문화 정책을 수립하여 공포하고, 이를 실행실천 함으로써 Human Errors(인재, 人災)로부터 유발되는 인류의 불행, 인명손실과 자산손실, 그리고 생태계 파괴로부터 국가사회, 그리고 국민을 보호해야 하며, 국가 존립의 위기를 부를 수도 있는 재앙적 재해로부터 우리 국민 모두가 비극적 피해를 입지 않도록 해야 한다.
선진국 대열에 들어서는 대한민국으로써 가정의 행복에서부터 국가, 사회, 인류가 공존하며 건실한 공동체로 성장발전 해 나가 온 국민이 행복을 누릴 수 있도록 하기 위해서 필수적으로 요청되는 기업체의 안전문화 정책수립과 실행실천 계획이 시급히 제정 공포되어야 한다.
기업체와 연구소의 안전문화의 수립 제정-공포-정착은 경영철학과 공학철학, 그리고 공학윤리와 철학적/윤리적 판단기준 6가지가 현장철학에 바탕 하여 조화롭게 통일되어 운영되어야 한다.
이렇게 할 때 제반 Human Error를 최소화 할 수 있게 되어 재앙적 재해를 예방할 수 있게 된다.
따라서 등록된 국내 모든 기업체와 연구소들은 중소 기업체/연구소에서 대기업/연구소에 이르기까지 안전문화 정책을 제정 수립하여 운영함으로써 우리 5천만 국민들이 Human Errors에 의한 재해로부터 희생되지 않도록 경영철학에 포함시켜 국민을 아끼고 보호 해 줄 것을 바란다.
아울러 기업체와 연구소의 최고 의사결정권자들이 반드시 이뤄내 국가사회와 인류에 공헌하는 기업체와 연구소로 거듭나기를 바란다.

여기서 기업체, 연구소의 안전문화 정책 제정수립의 운영효과가 창출 해 낼 수 있는 긍정적 요소들을 요약 해 보면 다음과 같다.

- •구성원들의 행복, 안전, 단란한 가정의 행복: 국가사회의 안정
- •최상의 업무능력 발휘: 고품위/고품질향상과 기업체의 국제 경쟁력 고취
- •구성원들 간의 화합된 Teamwork와 Team play를 조성: 창의적 혁신유도
- •경영진과 직원들 간의 조화로움: 지속적 기업의 발전 추구
- •기업체 안전목표의 최상화: 구성원들의 행복추구와 기업체의 경쟁력 강화
- •Human Errors의 예방: 재해예방, 국민의 생명보호, 기업체의 지속적 성장발전
- •재앙적 재해 예방: 지역사회, 국가사회, 인근국가, 지구전체, 인류를 보호
- •안전에 대한 구성원들의 경각심 고취: 안전가치추구를 통한 국가통합과 부 축적
- •인화, 창의, 협동, 책임 업무자세 형성: 국민행복, 국가사회 내부갈등/분열 예방 등이 된다.

11. S.T.E.S.H 반석 위에 최고 의사결정권자의 역할

여기서 S.T.E.S.H.는 Science(S). Technology (T). Engineering (E). Humanity (H). Society(S)의 머리약자이다.

즉, '과학(S). 기술(T). 엔지니어링(E)은 3위일체가 되어 사회와 하모니 (Harmony)를 이루어 주어야 하고, 여기에 공학의 근본이 되어야 할 Humanity(인류애)를 포함하여 사회(Society)에 공헌해야 한다.' 고 본다.

뿐만 아니라, 과학-기술-엔지니어링 영역 에서 창출되는 산물들은 반드시 Humanity에 바탕 하여 국가사회에 공헌해야 한다. 는 것을 저자는 강조하고 있다.

여기서 제3의 전쟁, 즉 기후변화에 따른 자연재해(自然災害, Natural Disasters), 휴먼에러(human error, 인재, 人災)에 의한 산업재해(產業災害), 부정부패에 의한 부실과 취약성, 그리고 의사결정권자 들의 무능과 비전문적인 판단 오류가 빚어내는 재해와 재앙 등을 도입하여 논하기로 한다.

저자는 오랜 세월 속에 대단위 산업현장에 근무하면서, 태풍이 상륙하는 매년 여름, 가을 철에 간헐적으로 발생하는 비상정전 때 담당 직원들이 비상조치를 취하는 과정 속에 실수로 Human Errors를 유발시킨 결과: 바람 방향에 따라 어느 한 시(city)가 유독 개스로 뒤 덮이는 비극적 상황을 본적이 있다. 또한, 바람과 함께 유독 개스가 산야의 초목들을 휩쓸고 지나가 영향을 받은 모든 수목의 잎새들이 노랗게 고갈되어 죽어 간 생태계도 보았다.

과거에 그랬다고 해서 현재에 두려워할 것은 없다.

과거의 경험에서 교훈을 찾아 내고 그 교훈에 따라 휴먼에러와 재해를 미리 예방하는 것이 지혜로운 공학철학의 운영이 되겠다.

이와 같이, 앞에서 언급한 Three-카테고리(공학철학, 공학윤리, 그리고 의사결정의 6-가지 철학적/윤리적 판단기준)라고 하는 부정부패 예방을 위한 정의로운 정신적 지표를 마음 속에 바탕 하여 실행실천 해 나간다면 모든 부정부패는 예방될 수 있기에 그들은 공학철학에 바탕하여 인류에 공헌할 수 있게 된다.

따라서 하루빨리 청소년과 대학생 그리고 우리세대들에게 이 정신적 지표를 교육시켜야 한다.

이 정신적 지표인 예방묘약은 교육 후 바로 효험을 볼 수 있지만, 받아드리는 대상에

따라 1~2년이 걸릴 수도 있고, 역행하여 이 지표를 이행하지 않는 어느 대상에서는 문제를 유발하는 경우가 있다.

Human Errors는 언제 어떻게 어디서 나타날지 모르기에 각 기업체, 산업체, 연구소 등의 최고 의사결정권자들은 이 Three-Category 접종에 최우선 하여 기본적으로 의사결정하고 정책을 입안 실행실천 해 나가도록 해야 한다.

각 분야: 정계, 기업계, 산업계, 연구업계 등의 최고 의사결정권자들이 솔선수범하여 애정과 사랑을 담아 시간을 다투어 정책입안하고 실행실천에 옮겨 주어야 국가적 효험을 얻을 수 있다.

각 분야의 발전은 상기와 같은 Three-Category 영역의 효험을 인식하고 최고 의사결정권자 가 직접 관심을 가지고 사랑과 애정을 담아 주어야 실현 가능하다.

그런데 진정 이들 분야에서 사랑과 애정을 담아 대한민국의 5천만 국민을 위해 정신적 3-카테고리 영역을 지휘할 능력 있는 최고 의사결정권자들이 과연 몇 명이나 나올 수 있을까?

이들 분야의 최고 의사결정권자들이 과학(S), 기술(T), 공학(E)의 S.T.E.분야 위에 정신적 Three-Category로 각 분야에 알 맞는 안전문화정책을 입안 수립하여 실행실천 해 준다면 국가는 제3의 전쟁이 없는 선진국가로 바로 성장발전하고 진입하게 된다.

이들 분야의 최고 의사결정권자들이 S.T.E.를 사랑과 애정에 바탕 하여 여기에 Humanity를 포함시켜 반석 위에 올려 놓고, 이어서 그 결과 들을 사회(Society, S)에 접목시켜S.T.E.S.H. 사회를 만들어 줄 수 있다면 그 파장효과는 국가사회의 내분도 예방할 수 있고, 국가 통일을 이루는데 지름길이 될 수 있다고 본다.

그래서 각 분야의 최고 의사결정권자들이 S.T.E.S.H.의 건실한 사회를 만들어 나갈 수 있다면 그들은 새로운 위대한 인물로 다시 태어나게 될 것이다.

이 S.T.E.S.H.의 영역 반석 위에 그들의 정신을 불어 넣을 수 없는 무능력의 최고 의사결정권자들이라면 그들을 우리 5천만 국민들의 기억에 더 이상 남겨 둘 필요는 없다고 본다.

공학철학에 바탕 한 S.T.E.S.H.의 반석 위에 사회에 아무런 공헌을 하지 못하는 그 분야 최고 의사결정권자 들이라면 우리 5천만 국민들은 그들을 진정한 정치가, 기업가, 연구가라고 말할 수 있을까?

이 제3의 전쟁을 미리 예견하고 다스리지 못하는 각 분야의 최고 의사결정권자들은 이 소리 없는 제3의 전쟁을 먼저 불러 오게 하는 장본인들이 될 것이다.

물론 제3의 전쟁을 미리 예방하고 모두 통일할 수 있는 최고 의사결정권자들이라면 그들은 위대한 인물로 기억되고 우리 5천만 국민의 존경을 받을 수 있게 되며, 역사에 칭송 받으며 우리들 가슴에 기리 남게 된다는 것은 자명한 사실이다.

12. 휴먼에러에 의한 피해 최소화

12.1. 휴먼에러(Human Errors) 최소화 방안

12.1.1. 공과대학/대학원: 교과과정(Curriculum):

- 공학철학, 공학윤리 교과목: 교양필수 채택: 학점이수
- 인문사회과학 교과목: 교양필수 채택: 가설설정, 논증과 추론 학점이수
- 국제수준과 동일한 전공 교과목 도입: 학점 이수
- 의사결정을 위한 철학적/윤리적 판단기준 6가지 준수: 교육
- 과학, 공학, 기술에 해당되는 전문내용은 다수결로 결정하지 않는다.
  자연과학적 순수한 이론이 바탕 된 사항들을 결정할 때는 다수결로 결정해서는 안되며, 전문가들이 이론에 바탕 하여 결론을 내린 내용들을 따르도록 한다.
  해당되는 문제가 자연과학분야와 사회과학분야 중 어느 과학분야에 해당되는지를 정확히 구분한 후에 자연과학분야에 해당되는 내용이면 반드시 이론이 바탕 된 전문가의 주장을 따르도록 한다.
- 공학철학, 공학윤리에 위배되는 사항: 그 어떠한 경우에든 실행불가: 교육

12.1.2. 기업체 운영 및 교육 훈련(Education & Training)

- 경영진(회장, 사장, 임원, 관리자 급) 교양교육: 공학철학/공학윤리 교과목
- 공학철학/공학윤리 교육: 전 임직원
- 의사결정을 위한 철학적/윤리적 판단기준 6가지 준수: 교육
- 공학철학, 공학윤리에 위배되는 사항: 그 어떠한 경우에든 실행불가: 교육
- 기업 안전문화 정책을 수립하고 실천한다.
- 전문가를 육성하여 적재적소의 자리에 임명한다.
- 신상필벌 규정을 철저히 적용: 사고재발 방지 및 구성원들의 부정행위 예방

12.1.2. 협력업체: 운영 및 교육 훈련

- 경영진(회장, 사장, 임원, 관리자 급) 교양교육: 공학철학/공학윤리 교과목
- 공학철학/공학윤리 교육: 전 임직원

•의사결정을 위한 철학적/윤리적 판단기준 6가지 준수: 교육
•공학철학, 공학윤리에 위배되는 사항: 그 어떠한 경우에든 실행불가: 교육
•기업 안전문화 정책을 수립하고 실천한다.
•전문성을 가진 인재를 적재적소의 자리에 임명한다.
•신상필벌 규정을 철저히 적용: 사고재발 방지 및 구성원들의 부정행위 예방

12.1.3. 조직 인력관리

•최고경영자영입: 공학철학/공학윤리에 바탕 하여 의사 결정할 수 있는 능력자
•CEO영입, 임 · 직원선발승진: 소양(철학, 윤리, 의사결정 6가지)을 갖춘 인재
•인력교육: 공학철학, 공학윤리, 철학적 의사결정에 바탕 한 교육: 필수
•공학철학, 공학윤리에 위배되는 사항: 그 어떠한 경우에든 실행불가: 교육
•의사결정을 위한 철학적/윤리적 판단기준 6가지 준수: 교육
•전문성을 가진 인재를 적재적소의 자리에 임명한다.
•신상필벌 규정을 철저히 적용: 사고재발 방지 및 구성원들의 부정행위 예방

12.2. 기기장치 및 시설부문

1)전체 기기장치와 시설들에 대하여 공정안전 위험요소관리평가(Process Safety Risks Management with Evaluation; PSRME)를 하여 정상운전 설계조건 대비 취약한 곳들을 찾아낸다.
2)내진설계(耐震設計, Earthquake Resistant Design Standard)기준을 재평가 한다.
3)전체 기기장치와 시설들에 대하여 노후도(老朽度, Aging/Deterioration Conditions)와 비정상 상태(Abnormal Conditions)를 분석하고 그리고 기기장치들의 두께(Thickness on Equipment/Systems)를 측정한다.
이들 분석을 위해:
•비파괴 검사(Non-Destructive Test; N.D.T.),
•액체침투시험(Liquid Penetrant Test),
•방사선 시험 (Radiographic Test; R.T.),
•초음파 시험(Ultrasonic Test; U.T.)등의 방법들을 동원 해 본다.
4)배관설비 시스템의 역학적 분석(Piping Dynamic Analysis; PDA)을 한다.
5)공정 전반에 걸쳐서 시나리오와 시뮬레이션 연구(Scenario & Simulation Studies)를 하여 문제점들의 총체적 해결방안(Total Solutions)을 모색 해 낸다.
6)기기장치들의 잔존 수명(Surviving Useful Life)을 분석 해 내기 위해서 라이프 사이클 평가(Life Cycle Assessment)를 한다.

7)숨겨진 공정위험요소(Hidden Process Risks)들을 탐색 해 낸다.
8)기기장치 및 설비들 주변의 토양상태(Soil Conditions)를 분석한다.
9)지하에 설치된 기기장치 및 설비들의 비정상적 상태를 점검한다.
10)콘크리트 구조물의 콘크리트 암(Concrete Cancer)여부를 점검한다.
11)공정 위험 평가(Process Hazard Assessment; PHA)를 한다.
12)공정 기기장치와 설비의 부식과 마모(Corrosion and Erosion) 상태를 점검한다.
13)배관시설 받침 구조물의 침강상태(沈降狀態, Sinking Conditions)를 점검한다.
14)숨겨진 공정위험요소(Hidden Process Risks)들을 탐색 해 낸다.
15)공정설비 내부 상태를 면밀히 점검한다.
16)총체적 공정증상분석(Total Process Symptoms Analysis)을 한다. 등
이상과 같은 분석, 평가를 통하여 기기장치와 시설, 그리고 공정 시스템들의 비정상 조건과 취약점, 그리고 결함과 모순점들을 찾아 보강(Reinforcement)을 해 주기로 한다.

12.3. 공정 및 조정부문 (Fields of process and control)

1)비상시에 공정을 가장 빨리 조업 중단할 수 있는 조정시스템(Control System)을 개발한다.
2)비상시에 공정을 한번의 스위치(One-Touch Switch button)작동으로 정지 시킬 수 있는 조정 시스템을 개발한다.
3)치명적 독성물질은 공정시스템 내에 저장하지 않도록 하고 최저 저장 수준을 유지한다.
4)72시간 사용할 수 있는 공업용수를 저수조에 저장 유지한다.
5)소화설비 시스템들을 주기적으로 점검하고 정상 유지되도록 한다.
6)비상발전기(Emergency Generator)는 비상시에 대비하여 즉각적으로 가동될 수 있도록 유지 시킨다.
7)비산되는 독가스를 회수하여 중화반응(Neutralizing Unit)시키는 시설은 비상시에 대비하여 즉각적으로 가동될 수 있도록 예방정비를 철저히 하여 유지시킨다.
8)한국산업 단지공단(Korea Industrial Complex Corp. KICC)과 무선 통신할 수 있는 시스템을 갖추도록 한다.
9)공정조정실(Process Control Room) 내로 독성가스가 유입되지 않도록 조정실을 공기여압(空氣與壓, Air Pressurized Conditions)조건으로 시설 보완한다.

12.4. 주요 핵심 비상계획 관리부문

1)비상시에 한국산업 단지공단(Korea Industrial Complex Corp. KICC)에 소속되어 있는 관계 회사/공장간에 상호협력(Cooperation)할 수 있도록 총체적 비상계획(Total Emergency Plan)

을 KICC에서 수립하도록 한다.

2)기상청 지진관측소(Seismological Observatory)의 지진기록계를 바로 볼 수 있도록 온라인(on-line)한다.

3)각 공장의 안전을 위해 총체적 비상운영계획(Total Emergency Operation Plan)을 수립 운영한다.

4)비상시에 대비하여 위기공동관리 위원회(Crisis Overall Joint Committee)를 설치 운영한다.

5)지진에 대비하여, 구내 소방활동 팀을 구성하고 소방활동연습(Fire-Fighting Drill)을 주기적으로 실행한다.

6)지진에 대비하여, 철수계획과 연습(Evacuation Plan and Drill)계획을 수립 한다.

7)비상시에 독성가스가 인근 주거지로 확산될 경우를 대비하여 비상계획 (Emergency Plan)을 수립하고 주기적으로 대피훈련을 하도록 한다.

8)비상시에 이웃 공장과 공단종합본부, 그리고 지역사회가 공동으로 대처할 수 있도록 비상통신시스템(Emergency Communication System)을 구축한다.

9)비상시를 대비하여, 소방용수 라인(배관, line)과 각 공정수 탱크, 그리고 폐수처리시설에서 처리된 물의 배관과 공동사용을 위해 연결한다.

10)공장의 내진설계기준(Earthquake Resistant Design Standards)을 재설정하기 위해서 화학공학회(The Korean Institute of Chemical Engineers; KIChE)와 한국지진공학회(Earthquake Engineering Society of Korea), 그리고 관계되는 학회가 연합하여 공동으로 연구하고 결정 하도록 한다.

Q
&
A
solution
?!

7장 공학철학과 행복의 길

1. 행복과 행복론

1.1. 행복

"행복은 철학적 마인드(mind)와 심리적 안정감, 그리고 건전한 사회안전문화라고 하는 이 3가지가 지속적으로 조화를 이루며 우리들 마음에 머물러 줄 때 느낄 수 있는 것이다." 라고 저자는 생각한다.

옳고 그른 것을 가릴 줄 아는 철학적 마인드와 직면하는 모든 것들을 긍정적으로 생각하며 적응 해 나가는 심리적 안정감, 그리고 안전을 습관화하고 생활화하여 잠재적인 자연재해와 사고재해로부터 생명체와 자산을 지켜 주겠다. 는 건전한 사회안전문화가 형성되어 이들 3가지가 조화를 이룰 때 행복은 지속적으로 유지된다.

이 3가지가 만족될 때 행복의 정도는 더 큰 행복으로 성장될 수 있다고 본다.

따라서, 저자는 이 3가지를 행복의 3요소라고 말한다.

이 행복의 3요소를 만족시켜 주기 위해서는 공학철학에 바탕 하여 앞에서 언급한 휴먼에러(Human errors, 人災)들을 어떻게 예방하고 최소화할 것인가가 핵심적 요소가 된다.

우리 삶에 있어 이 3가지 요소 중에 하나라도 빠지게 되거나 결함이 초래 될 때 그 순간 행복은 지속될 수 없을 뿐만 아니라, 행복의 탑은 무너져 내리기 시작한다는 사실을 우리세대들은 인식하고 있으리라 생각한다.

우리들이 행복을 어떻게 느끼고 생각하느냐에 따라 그 폭과 깊이와 강도는 달라질 수 있을 뿐만 아니라, 어떠한 삶의 철학을 가지고 의사결정하며 실행 실천하고 살아가느냐에 따라 행복의 범주와 느낌은 달라질 수 있다.

행복은 철학과 심리학에서 찾아야 하고 사회안전문화의 바탕 위에 지속적으로 존재할 수 있다고 저자는 생각한다.

누구나 삶의 철학이 다르고, 느끼고 생각하는 것이 다르기에 받아 드리는 행복의 범주도 느낌도

다양하게 변할 수 있다.

행복의 범주는 지금 현 시점을 기준하여 시간, 장소, 여건, 환경 등의 변화 조건에 따라 다양하게 변한다. 뿐만 아니라, 인간의 삶의 철학과 가치관, 그리고 판단기준과 의사결정 등의 적용기준에 따라 행복은 다양하게 나타나게 된다. 그 기준들의 정의로운 적용이 배제된 부정한 기준들을 따랐다면 그 결과는 가정과 사회에 걷잡을 수 없는 불행의 파장을 불러 오게 된다.

시간이 흘러 번져나간 그 파장은 행복을 불행으로 전환시키게 된다.

인간 삶에 있어 행복과 불행은 마치 파도가 높낮이를 이루며 교차하듯이 그 교차하는 선상을 따라 진행하게 된다. 이 높낮이를 어떻게 조절하며 극복 해 나가는 가에 따라, 행복의 평온함은 찾아 온다고 본다.

또한 가정과 사회국가의 존립에 영향을 미치게 되는 잠재적인 자연재해와 사고재해로

부터 생명체와 자산을 보호할 수 없게 되거나, 불안전한 행동과 불안전한 상태를 존립시키게 되면 행복은 지속될 수가 없게 된다.

행복은 이와 같은 다양한 기준과 조건의 변화, 그리고 불안전한 행동과 상태 등에 따라 변하게 되고 불행으로 바뀌게 된다.

따라서 행복의 정의를 단편적으로 내리게 되면 자가당착의 모순을 부르게 되어 진정한 행복에 도달할 수 없게 된다.

이러한 모순점을 안고 정의를 내리게 되면 진정한 행복은 그 정의에 속박되어 혼란을 부르는 또 하나의 모순을 낳게 된다.

무한하고 다양한 범주의 행복을 모순된 정의의 거울에 비춰 보게 하면 모순된 행복의 허상이 나타나게 된다.

이러한 국한된 '행복의 정의' 속에 인간을 얽매이게 하거나 제한시켜 다양한 행복추구에 제동을 거는 결과를 초래하는 것은 슬픈 일이다.

행복……! 행복의 정의를 내리기에는 행복은 한없이 넓고 깊어, 마치 우주 밤 하늘에 빛나는 수많은 별처럼 무한하다.

따라서, 행복의 정의를 광의적으로 명확히 내리는 데에는 한계가 있다.

'행복의 정의를 내리지 않는 것이 어떤 의미에서는 행복이다.' 라고 저자는 말하고 싶다.

그렇지만, 협의적으로 우리들은 각자 처해 있는 여건과 환경 속에서 각자 행복의 구체적 정의를 내려보는 것은 의미 있고 즐거운 일이라고 생각한다.

저자는 협의적으로 다음과 같이 행복의 정의를 내려 본다.

'행복은 인간이 추구하는 목적이 정상적 과정을 통하여 성취되거나, 처해 있는 여건과 환경이 정상화 될 때 느끼게 되는 평온한 상태이다' 라고……

참고로 고대 철학자들이 남긴 행복의 정의는 아래와 같다. (참고 서적: '행복은 철학이다' 저자 에이나 외버렝겟의 행복론, 손화수 옮김)

•아리스토텔레스:
스스로를 이겨내는 의지력과 외부적 상황을 능동적으로 수용할 수 있는 힘을 행복이라 정의했다. 그리고 행복의 핵심은 부와 향락이 아니라, 자신의 능력을 자유롭게 펼 칠 수 있는 행위에 있다.

•톨스토이:
행복은 언제나 당신의 힘이 미치는 곳에 있음을 기억 하라.

•세네카:
항상 최악의 상황에 대비하는 자세를 가진다면 어떤 고난이 닥쳐도 마음의 평정을 얻을 수 있다고 말했다.

•쇼펜하우어:
행복은 자신의 바깥에 있는 것이 아니라 마음 속에 있음을 알아야 한다.

•도스토예프스키:
행복은 행복 그 자체를 얻는다고 느낄 수 있는 것이 아니다. 행복을 향해 도전하고 그것을 얻기 위해 노력하는 과정에서 얻을 수 있다.

•소크라테스:
우리가 스스로를 적대시하지 않아야 한다고 말했다. 그는 자신을 대하는 진실한 태도는 내면의 소리에 귀 기울일 수 있는 태도에서 시작된다고 했다.

1.2. 행복론

'행복론은 철학과 심리학, 그리고 종합학문, 즉 정치, 경제, 물리, 화학, 수학, 미학, 미술, 음악, 역사 등에 건전한 사회안전문화에 바탕 하여 불행을 어떻게 극복하고, 행복한 삶을 어떻게 추구하며 찾아서 행복한 상태를 지속시켜나가야 하는지 그 방법들을 찾고 개발하여 일상생활에 적용 실행함으로써 평온한 삶의 질을 향상시켜 나가도록 하는 것이 행복론이다' 라고 저자는 생각한다.

그렇다면 우리들이 행복론에 접근하는 궁극적 목적은 무엇일까?

그것은 우리들이 행복을 위한 방법들을 찾아 내고, 그 방법들을 실 생활에 적용 실천 해 나갈 때 삶의 질은 향상되게 되고, 그 결과 과정을 즐기며 꿈과 목표를 이루어 갈 수 있게 된다. 이 때 성취한 결과로 사회에 공헌함으로써 행복한 감정을 느끼는 경지에 도달하게 된다.

이 행복론에 담아내야 할 주제들은 철학적 사고로 접근하여, 그 주제의 내용은 무슨 메시지를 전달하려고 하는지 암시하며, 결론에 이르러 우리 세대들이 무엇을 생각하고 그들의 인생을 어떻게 살아가고 궤도를 수정해야 하는지를 미리 살펴볼 수 있는 내용들을 담아 주는 것이 바람직하다고 본다.

즉, "행복을 위한 철학적 기도", "실용적 경험철학과 윤리", 그리고 "철학적 의사결정" 의 내용에 바탕 하여 행복론을 논할 수 있다면, 행복론의 메시지들은 우리 세대들에게 미래를 조명

해 볼 수 있는 기회를 제공할 뿐만 아니라, 과정을 즐기며 꿈과 목표를 이루어 나갈 수 있게 하는 기반이 된다.
행복론의 주제 내용들을 통하여 우리 세대들은 미래지향적으로 개척 해 나가는데 용기를 얻게 될 뿐만 아니라, 신념 속에 꿈과 목표를 이루어 나갈 수 있게 된다.
따라서, 그들이 이뤄 낼 그 결과물들을 가지고 행복론의 궁극적 목적인 인류사회에 공헌함으로써 더불어 행복을 느끼게 되고, 베푸는 과정의 기쁨과 즐거움을 나눌 수 있게 된다.
이것이 위에서 언급한 우리 세대들이 '왜 행복론을 배우고 공부해야 하는 지'의 연관된 이유이기도 하다.

2. 행복의 블랙홀 (Black Hole)

우리들의 인생행로에 행복을 불행 속으로 빨아 드리는 블랙홀 (black hole)과 조우할 때가 있게 된다. 이 블랙홀은 우리들의 꿈과 목표, 그리고 행복을 순간적으로 송두리 채 빼앗아 가는 Human errors인데 이는 공학철학에 바탕 하여 해결 해 주어야 할 기본 핵심 요소가 된다.
우리 청소년들과 대학생들은 이러한 행복의 블랙홀, Human errors에 빠지지 않도록 사전 지식을 가질 필요가 있다.
이 블랙홀에 빨려 들어가게 되면 그 순간 모든 것을 잃게 되며, 꿈과 목표를 이루어 가는 과정에 중도하차를 하게 되어 모든 것이 수포로 돌아가게 된다.
Human errors의 결함은 각종 사고(accidents)의 근본원인을 제공하게 되어, 인명과 자산의 손실을 유발하게 되고 국가와 사회 그리고 인류에 악 영향을 미치게 된다.
따라서, 청소년과 대학생들은 꿈과 목표를 따라 가는 길목에 행복의 블랙홀, Human errors의 원인제공을 하지 않도록 최우선 하여 주의를 해야겠다.

2.1. 행복의 블랙홀, Human Errors의 근본원인

철학적/윤리적 판단기준(Philosophic/Ethical Criteria)에 따른 정의로운 의사결정 결과에 따라 그 피해 범주는 다양하게 나타난다.
Human Errors의 주 근본원인들은 다음과 같다.

- •최고의사결정권자의 철학적/윤리적 빈곤; 철학적/윤리적 판단의 양심결여,
- •철학적/윤리적 바탕 위에 부적격 최고의사결정권자와 책임자들의 영입,
- •전문성 결여로 의사결정의 오판,
- •Leadership 결여,
- •대화단절 및 소통의 결여,
- •최고의사결정권자와 책임자들의 오판,

•편협 된 마음,
•정서불안과 능력부족으로 연계된 의사결정내용 수시변경,
•제반 소양, 안전, 기술 교육수준의 취약,
•인력 및 조직관리 능력의 빈곤으로 부적절한 인사관리
•교만함과 자만심,
•신상필벌 규정의 미흡과 최고의사결정권자의 철학빈곤으로 운영 미준수,
•책임자들의 관리 법규, 규정, 규격 적용 미 준수,
•최고의사결정권자와 관리자들의 부정 부패로 연결된 부실운영 등

2.2. 행복의 블랙홀, Human Errors 예방

운영/경영하는 데에, 제4부 3에서 언급한 "철학적 의사결정"의 철학적, 윤리적 판단기준 6가지 (6-philosophic and ethical criteria for decision-making)을 마음에 새겨 준수해야 하며, 의사결정할 때 법규나 규정 그리고 기준에 따라 정확히 판단하고 실행 실천해야 한다.
이 철학적, 윤리적 판단기준 6가지는 특히 최고의사결정권자들이 예외 없이 필수적으로 지켜나가야 할 뿐만 아니라, 조직전체의 조직원들이 모두 함께 지켜나가도록 해야 한다.
의사결정이나 판단을 내릴 때는 법규, 규정 및 기준에서 벗어난 의사결정을 해서는 안되며, 만일 의사결정에 오류를 범할 때는 예외 없이 후유증에 시달리게 되며, 그 결과는 오판한 정도에 따라 사회, 국가, 인류에 그 만큼의 해를 입히게 된다. 특히, 철학과 윤리에 위배되는 사항에 대하여는 그 어떠한 경우에든 실행 실천해서는 안되며, 운영 매뉴얼에 명기된 사항들은 생략 없이 실행실천 하도록 한다.
그렇지만 법규, 규정 및 기준 내용이 현실에 합당하지 않을 경우에는 즉시, 합법적인 절차에 따라 그 내용들을 수정 보완하도록 한다.

3. 의사소통: Yes, but과 What if......?

의사소통은 공학철학에서 가장 중점적으로 다루는 휴먼에러 (Human errors, 人災)를 불러일으키는 주요 요소가 된다.
조직 운영에 있어서 조직 좌우, 상하 간에 의사소통이 원활하게 이루어 지지 못할 때 휴먼에러는 기다렸다는 듯이 그 때 발생하게 된다.
우리들은 일상생활의 대인관계에서 상대방과 의사소통을 위해 대화하는 과정 중에 그들이 바라거나 주장하는 말에 동의하지 않거나 공감할 수 없을 때, 자기의 뜻과 의지를 관철하려고 상대방에게 공격적으로 반론을 제기하거나 때에 따라서는 상대방 의견을 무시하고 자기 말만 주장하는 경우를 종종 보게 된다.

특히 조직생활에서는 인과관계가 수평관계와 수직관계로 맺어져 있는데,
이러한 조직에서 상대방과 대화할 때 상기에서 언급한 대로 하게 되면 의사소통이 되지 않아 상대방으로부터 멸시를 받거나 도외시될 가능성이 매우 높게 된다.
결과 조직생활에 어려움을 겪게 되고 무기력하게 되어 자기 생활에 활력을 잃게 된다.
특히, 상사, 임원, CEO, 회장에게 결재를 득해야 하는 과정에서는 그들이 결재 올린 내용을 읽거나 설명을 듣고 그들의 뜻과 의지를 말할 때가 있다.
이 때 특히 주의를 해야 한다.
결재를 올리는 담당자가 상사의 뜻과 의지에 오판이 있거나 모순이 있다고 해서 면전에서 담당자의 의견을 강하게 주장하고 관철하려고 나선다면 그들 상사들은 담당자에게 어떤 인상을 가질까? 생각 해 보아야 한다.
상사들은 이러한 일방적 주장으로 상사들을 설득시키지 못하는 담당자를 더 이상 그 자리에 두려고 하지 않을 것이다.
담당자가 반드시 관철시켜야 하는 결재내용이라면 어떻게 상사님들을 설득해야 할지를 심사숙고해 보고 결재를 받아 내야 한다.
조직생활에서 의사소통에 불협화음이 발생되는 상황일 때, "Yes, ……but" 과 "What……if?" 의 통합된 대화 전략을 사용한다.
우선 결재를 올리기 전에 결재 상의 내용을 프로세스 과정과 그림으로 나타내어 도식화(block diagram)하여 작성한다.
그리고 "Yes, ……but" 과 "what if……?" 가 통합된 대화전략으로 의사결정권자들을 설득하도록 한다.
결재내용을 도식화 된 프로세스와 그림으로 설명한 후에, 그들의 질문사항이나 바라는 뜻과 의지를 보일 때는 "Yes" 에 해당되는 부분으로 경청하며 긍정적으로 받아 드린다. 그리고 나서 "but" 에 해당되는 부분에서 모순점이나 오판하고 있는 점에 대하여 부정적인 면을 설명한다.
여기서 의사결정권자가 옳게 판단하지 못하면 "What if……?" 방법을 추가하여
경우(case) 별로 씨나리오(scenario)전법을 가지고 이해하기 쉽도록 설명을 한다.
이렇게 의사결정 과정 중에 해당되는 의사결정권자들 모두에게 상기와 같은 대화 및 보고 기법으로 설득을 구하면 공학철학에 바탕 하여 흔쾌히 옳고 정의로운 방법으로 의사결정을 해 주게 된다.
공학철학에 기반하여 대외 공공 기관이나 내부적으로 의사결정을 해야 할 때 성사시켜야 하는 경우에도 마찬가지로 모두 통용되는 최적의 전략 전법이기도 하다.
이 결재과정 중에 반드시 앞에서 언급한 "철학적 의사결정" 에 해당되는 "철학적, 윤리적 판단기준 6가지" 를 마음 바탕에 두고 사심 없는 용기를 가지고 정의로운 마음에 자신 만만하게 설득을 해 나가야 한다.

지금까지 저자는 상기와 같은 이 방법으로 국·내외에서 행한 의사결정이나 해외 컨설팅(consulting)사업에서 그들을 설득하여 저자가 공학철학 바탕에서 실행하고자 하는 방향으로 유도하여 국·내외 기업발전에 공헌한 바 있다.
국·내외 상사와 CEO, 그리고 회장들도 이 의사소통 방법을 매우 좋아하였고 그들이 이해하기 쉬워했기에 의사결정 내용들을 인지하며 서명할 수 있게 되었다.
공학철학 바탕에서 정의롭게 의사 결정하는 순간에 휴먼에러는 근본적으로 해소되고 의사결정권자는 그가 속하는 그룹에서 지속적으로 목적을 달성할 수 있게 된다.

4. 사랑과 관심을 통한 휴먼에러의 예방: 사례, 어느 사원의 교육 극기력 정신과 부인의 편지

한·미 합작사인 제7비료공장(남해화학주식회사)같은 대규모 공장을 건설, 시운전 해 나가는 과정 중에 제일 중요하게 역점을 두는 것은 공학철학에 바탕 한 총체적 기술 습득과 안전에 심혈을 기우 리며 긴장 속에 휴먼에러들을 제거하는 일이다.
그 당시 저자는 초급 관리자로 공장건설이 끝나기 전 이미 6개월 전부터 시운전 교육을 위해 인산공장의 기술전반과 안전에 대하여 교육계획을 수립하고 추진 해 왔다.
인산공장의 성능보장 시험을 하는 동안 직원들의 체력증강을 위해 그들의 건강과 안전에 최우선을 두어 관리를 해야 했다.
하루 5시간씩 6개월간 이론교육계획을 수립하여 구체적으로 세밀하게 교육을 시행 하기로 했다.
시운전 단계에 돌입하면서 있을 지도 모를 인재(人災, Human errors)로 인한 재해를 예방하기 위해서 저자는 스파르타식 교육(Spartan Education) 방법을 채택하기로 하고 총체적 교육을 추진하기로 했다.
스파르타식 교육의 성공적 결실을 얻으려면:
첫째, 가족적 분위기에서처럼 사원과는 믿음과 신뢰 속에 사랑과 애정이 바탕 되어야 하며,
둘째, 의사결정 할 때는 다음의 "철학적, 윤리적 판단기준 6가지"를 마음 속에 깊이 새기며 이를 실행실천 해 나가며 야 한다. 즉,

- •철학적 마인드(mind)로 뿌듯함이 생기고,
- •윤리적 행동으로 자랑스러움이 솟구치며,
- •신념 있는 행동으로 마음이 흔들리지 않고,
- •정직과 양심 있는 행동으로 하늘을 우러러 부끄러운 점이 없어지며,
- •용기 있는 주장과 설득하는 행동으로 온 세상을 다 가진 듯 풍요로워 지고,
- •인류에 공헌하는 정신으로 삶의 정도(正道)를 밟을 수 있게 되어 신선의 경지에 이르게 된다.

만일 교육 부족으로 구성원들이 공장 전반에 걸쳐 구석 구석까지 폭 넓고 깊게 그리고 정확하고

세밀하게 구체적으로 파악하지 못하게 되면 휴먼에러(Human errors)를 범하여 재해를 불러 오게 된다는 사실은 명약관화 한 일이다.

이러한 대규모 공장에서 구성원 한 사람이 교육 부족으로 Human errors를 불러 오게 되면 그로 인한 재해로부터 파급되는 여파는 어디까지 피해를 주게 되고, 인명피해와 자산손실뿐만 아니라 생태계 파괴와 함께 국가사회에 미칠 영향에 대하여는 어느 정도 예측은 할 수 있겠지만 그 실질적으로 파급되는 결과에 대하여는 아무도 심도 있게 예견할 수 없는 현실적 문제다.

화학공장은 특성상 제조반응공정과 취급하는 제품들이 한결 같이 모두 위험하고 독성이 강한 독극물들이다. 뿐만 아니라, 제조공정 시설들은 선진화 된 초대형 기기장치들이 프로세스에 따라 복잡하게 연결되어 있다.

따라서, 이들을 소홀히 다루거나, 하시라도 방심하면 Human errors로 인하여 대형사고나 폭발사고로 이어지게 되어 재해를 불러 오게 되며 본인은 물론 국가사회와 인류사회에 상상을 초월하는 피해를 입히게 된다.

안전에 대하여 사명감을 가지고 임무를 수행해야 하는 이유이기도 하다.

그래서 저자는 공장과 사원들을 관리함에 있어 그 내용들이 안전문제와 연관될 때는 엄격하고 냉정하게 의사결정하며 관리하는 것을 철칙(iron rule)으로 마음에 새기며 철저하게 예외 없이 준수 실행했다.

그렇지만 공동사회의 조직 문화 관리 측면에서는 가정에서와 같이 사랑을 바탕 하여 온화하게 정(情)을 주며 의사소통하고 화기애애하게 조직을 이끄는 것이 저자의 본성이며 현장철학이기도 하다.

공장 전반에 걸쳐 앞으로 이러한 Human errors에 의한 재해를 예방하고자 하는 것이 저자가 바랬던 본 교육의 목적이기도 했다.

그래서 공학철학에 기반하여 교육효과를 증진시키기 위해서 매일 교육한 내용에 대하여 요약하게 하고, 항상 잊지 않고 꼭 기억해야만 하는 공장 운전조정 설계 숫자와 내용 들에 대하여 정리하여 리포트를 제출하게 했다.

그리고 매일 전날 교육한 내용에 대하여 과목별 시험을 치렀다.

우리 구성원 각 한 사람의 역할이 얼마나 예외 없이 중요한지를 기술 이론교육과 안전교육을 통해 사원들이 명확하게 이해하기 시작하면서부터, 우리 사원들은 저자가 리드하는 교육 계획에 따라 각자 철저히 교육에 임해 주었고, 불평 없이 진지하게 사원들간 조화를 이루며 교육을 따라 주었다.

각자에게 주워진 막중한 임무와 역할은 마치 아치형 돌다리의 핵심 쐐기돌(key stone)과 같은 역할을 하기에 만일 각 구성원이 자기 몫의 임무와 역할을 하지 못하게 되면 돌다리가 무너지는 결과를 초래하는 것과 똑 같다.

각자 주워진 자리에서 기술업무를 순간 순간 판단하고 처리해야 하기에 그 누구에게도

의지하거나 도움도 청할 수 없는 상태에 놓이기 된다.
그러므로 각자는 주어진 역할과 책임을 져야 하는 막중한 자리에 있게 된다.

4.1. 어느 사원의 교육 극기력 정신

교육 중에 고귀한 에피소드 내용으로 사원 중의 S.K. Kim이라고 하는 사원의 이야기 이다.
교육이 끝나고 수료하는 날에 그로부터 이야기를 전해 듣고 얼마나 놀랐었는지……
이 사원이 맹장수술을 받고 다음날 교육에 임했다는 사실을 알게 되었을 때 한편으로는 참 강인하고 책임감이 뛰어난 사원이라고 감탄했지만, 또 한편으로는 우리 조직 운영에 있어 의사소통의 문제가 있다는 것을 알고는 이 사원에게 매우 미안했다.
자연스런 분위기에서 의사소통이 되어 맹장수술을 받게 되었다는 이야기를 미리 듣게 되었다면 이 사원에게 여유 있게 수술과 퇴원을 할 수 있는 시간적 여유를 갖도록 해 주었을 텐데……
맹장수술을 받게 되었다는 사실을 알리지 않을 정도로 "의사소통이 되지 않은 우리들의 교육훈련 여건과 분위기가 그런 결과를 초래하지 않았을까?" 하는 생각에 미안함과 부끄러움이 앞섰다.
다음부터는 이런 일이 발생되지 않도록 교육훈련 시간에 철저히 사원 모두들에게 의사소통의 분위기를 만들어 줄 것을 당부했다.
왜냐면 "우리들 사원의 건강유지와 생명의 귀중함 보다 더 우선시될 수 있는 것은 아무것도 없다." 는 저자의 현장철학과 가치관이 확고히 서 있기 때문이었다.
그런데 정기적으로 치르는 시험 총점에서 이 S.K.Kim 사원이 톱(top)의 영예를 안게 된 사실을 알고 나서 저자는 그 사원의 공학철학에 바탕 한 정신적 강인함과 극기력 정신, 그리고 믿음과 신뢰에 탄복하게 되었으며, 이 사원의 공학철학적 마인드 (mind)는 타의 모범이 되어 산업현장에서 휴먼에러를 예방하는데 큰 공헌을 하게 되었다.

4.2. 어느 부인의 편지

교육기간이 5개월을 지나 6개월 차에 접어들고 있을 무렵에 어느 직원 부인으로부터 편지가 왔다. 내용인즉 남편이 교육에 임하면서부터 저녁 식사만 하면 책상에 앉아 밤 늦도록 정신 없이 공부만 하기에 가정생활과 부부생활의 리듬이 깨지기 시작하고 있다고 하면서 이쯤에서 교육을 종료 해 주시면 고맙겠다는 내용이었다.
그러면서도 한편으로는 어느 날부터 어린 자녀들이 아빠가 책상에 앉아 밤 늦도록 공부하는 모습을 보고는 자기들도 스스로 자리에 앉아 책을 보기 시작했다며 고마움을 토로하기도 했다.
그 때 저자는 그 부인의 현재 입장을 충분히 이해는 했다.
그렇지만 한편으로는 매우 중요한 마지막 1달을 남겨 두고 이 단계에서 교육을 중단 하게 되면 지금까지 교육해온 과정이 수포로 돌아갈 뿐만 아니라, 아직 남아 있는 교육 과정을 이수하지 못하게 되면 휴먼에러 발생과 연관하여 시운전을 할 수가 없기 때문에 매우 충격적이고 괴로운 제안이었다.

그래서 저자는 편지를 받던 그 날 밤 이 문제에 대하여 골똘히 진지하게 생각 해 보았다. "이제 1개월만 교육에 임 해 주면 교육의 목적에 도달할 수가 있겠는데 어떻게 하면 좋을까?" 하고 그 방법을 찾아 골몰했다.

계획대로 1개월 더 교육을 받고 유종의 미를 거두며 공학철학에 바탕 한 교육의 목적을 달성하는 것이 최 우선의 지혜로운 길이 되겠다고 판단을 내렸다.

그래서 저자는 전 사원들 부인 앞으로 앞에서 언급한 교육의 목적과 함께 남편이 그간 5개월간의 교육을 충실히 이행할 수 있도록 조력 해 주신 데에 고마움의 뜻을 전하고, 아울러 1개월만 더 기다려 주는 인내심을 가져 주신다면 성공적으로 안전하게 시운전을 마칠 수 있겠다. 고 하는 호소문의 편지를 각 가정으로 보내고 설득하기로 했다.

그리고 이 호소문에 다음 내용들도 포함했다.

만일 마지막으로 남은 1개월 간의 교육을 더 받지 않게 되면 안전과 연관하여 시운전도 못하게 되고 우리 사원들의 안전을 보장할 수 도 없을 뿐만 아니라, 교육의 미완성으로 Human errors를 유발하게 되어 재해를 불러 오게 되는 결과를 초래하게 되는 것은 불을 보듯 뻔한 사실이라고 진솔하게 전 해 주었다.

부인들은 저자가 호소하는 이 마음의 편지를 받아 보고, 마침내 그 부인과 다른 부인 들도 교육의 목적에 고마움을 느낀다면서 계획대로 1개월 더 교육을 받고 유종의미를 거두는 것이 좋겠다는 내용의 글을 보내왔다.

그 부인들의 지혜로운 마음이 얼마나 고마웠던지……

그 때 상황을 생각하면 교육을 계획대로 마치고 구성원 전원들이 아무런 Human errors 없이 성공적으로 시운전을 마칠 수 있게 된 것이 꿈만 같고 지금도 그들에게 고마움을 느낀다.

의사소통을 할 수 있는 지혜로운 부인들이 상황을 정확히 이해하고 판단한 공학철학에 바탕 한 부인들의 지혜가 이룬 휴먼에러 없이 이룬 성공적 시운전이였다.

5. 행복을 위한 공학철학적 기도

저자는 우리세대들이 삶을 영위하며 꿈과 목표를 향하는 과정에 불행을 초래할 수 있는 요소들이나, 정의롭지 못한 부정적 요소들과 조우할 때가 종종 있게 된다고 본다. 이러한 상황에 돌입될 때는 언제나 한결같이 아래의 내용들을 가지고 차분하게 마음을 다스린 후에 다시금 정도(正道)를 밟아나가기를 바라는 마음에서 아래의 기도문을 우리세대들에게 전한다.

•철학적/윤리적 판단기준 위에 그들의 마음을 비춰볼 거울을 만들게 하소서.

•원칙을 준수하며 양심적/신념적 Leadership을 발휘케 하소서.

•건전한 사회안전문화를 정착시켜 모두를 위험에서 벗어나게 하소서.
•상호간의 의사소통을 할 수 있게 하여 정도를 걷게 하소서.
•역경과 시련에서 강인함을 보이며 설득력 있는 구성원들이 되게 하소서.
•불의에 대하여 비판할 수 있게 하여 구성원들이 변화를 추구하게 하소서.
•용기 있는 자가 되어 구성원 모두가 지혜로운 길을 택하게 하여 주소서.
•인간존중과 배려로 사회에 공헌할 수 있는 지도자가 되게 하소서.
•창의력으로 국제사회에 공헌할 수 있는 마음 젊은이가 되게 하소서.
•철학과 윤리를 바탕 하여 흔들리지 않는 의사결정권자가 되게 하소서.

•맺는 말

저자가 공학철학이란 교재, 교양서적을 집필하게 된 원천은 1995년 11월 10일에 출판(도서출판 동화기술)한 저자의 제1저서, "화학공장의 건설과 관리" 초판에 수록한 "현장철학"으로 거슬러 올라 간다. 저자는 그 때부터 공학철학이란 서적을 집필하는 것이 꿈이었다. 이 공학철학이란 서적을 집필하여 탄생시키는 데에 20여년의 잉태 기간이 필요했다.

공학철학이란 책자를 집필하기 위해 구상하고 준비하고 기획하는 데에 20여년이 흘렀다. 그 기간 동안 공학철학이란 서적을 준비하기 위해서 이에 수록할 내용들을 서서히 준비하기 시작했다.

이 공학철학 내용의 근본 바탕은 한. 미 합작사인 제4비료공장(진해화학 주식회사)과 제7비료공장(남해화학주식회사)에서의 이론에 바탕 한 실무, 그리고 앞의 들어가기에서 언급한 대만, 인도에 위치한 대단위 화학공장과 DuPont (Korea)에서의 Consulting실무가 주가 된다.

이 방면의 이론적 실무에서 터득한 내용들을 국. 내외 학회에 논문화 하여 발표 해 오면서 더욱 더 공학철학에 대한 집필의 꿈을 지속적으로 키워나갔다.

그 동안 휴먼에러와 재해에 대하여 연구한 내용물들을 논문화하여 발표하기 위해서 Praha, Melbourne, Texas, Seoul에서 개최된 국제학회 및 세계학회에 발표했다.

또한 •대만의 Formosa Group, Nan Ya Chemical Corp. •인도의 OSWAL Chemical & Fertilizers Corp. •인도의 GNVFC Fertilizers Co. Ltd. •DuPont (Korea) Inc. 등, 그리고 국내 대기업과 연구소, 대학/대학원에서 Technical Consulting을 해 왔다.

그 동안 국. 내외 대단위 화학공장에서 이론에 바탕 한 실질적 경험(Hands-on Experience)내용들을 가지고 발표한 •40여 편의 논문, •해외 Consulting 실무에서 얻은 이론적 지식과 실질적 경험들을 담은 Consulting Report Files, •KAIST, POSTECH Engineering 대학원, 한양대 공학대학원에서 강의한 강의 집, •저자가 집필한 공학 전문서적과 인문사회학 교양철학 서적들을 참고하여 이 책을 집필하게 되었다.

일반적으로 공학철학의 결여는 휴먼에러(Human Errors, 인재, 人災)를 불러 오게 되고, 그 결과는 재해(災害, disaster)로 이어지게 될 뿐만 아니라, 그 휴먼에러의 정도 및 수준에 따라 수많은 인명피해와 자산손실, 그리고 5대양 6대주를 공해로 오염 시키는 대재앙을 초래하게 된다. 공학적이고 정신적인 전반적 휴먼에러에 해당되는 다양한 근본원인들을 공학철학 바탕에서 찾아내고, 해당 부정적 요소 들을 사전에 제거함으로써 휴먼에러 영역의 주요 요소들인 인재(人災)와 재해(災害)를 예방하는데 목적을 두었다.

특히 공학철학을 통하여 과학자, 기술자, 공학자들의 순수성과 가치관을 확립하고, 그들이 공학활동에서 부정행위와 정신적 부패의 늪에 빠지지 않도록 예방하기 위해 대학 및 대학원에서 공학철학을 필수 교과목으로 이수시켜야 된다고 생각한다.

•감사의 말

이 공학철학의 서적이 탄생되기까지 20여년의 잉태기간이 흘렀다.
이 기간 동안 진인사대천명을 좌우명으로 하면서 어려움들을 극복 해 나갔다.
이러한 분위기 속에서 이 공학철학 서적이 탄생되기 까지는 가족들의 열정적 바램이 있었다. 집필하는 기간 중 체력증진에 깊은 관심을 기우려 주며 즐거운 마음으로 평온하게 집필할 수 있도록 분위기를 조성 해 준 가족의 배려가 이 공학철학 서적이 빛을 볼 수 있게 된 원동력이 된다.

저자에게 대학원 진학의 비전을 보여주시며 산업현장에 있으면서도 향학의 꿈을 키울 수 있도록 지도해 주시고 미래를 내다보는 혜안을 갖게 해 주시며 오늘에 있게 해 주신 현재 한양대학교 화학공학과에 재직 중이신 여영구 지도교수님께 깊은 감사를 드립니다.

국가. 사회를 위하고 인류에 공헌하기 위해서 공학철학 서적을 집필하여 후학들을 올바르게 육성할 기회를 주면 어떻겠느냐는 조언을 해 주시고 독려 해 주시며, 더욱이 인성교육측면에서 미래지향적 가치관의 공학철학 교재를 펴 낼 수 있도록 동기 부여를 해 주시고 정신적 지주가 되어 주신 조소희 교수님께 고마움을 전합니다.

아울러 일상적인 논증과 과학적 추론(Scientific Inference)등에 대하여 그 기본을 배울 수 있도록 함께 토론하고 저자가 연구하는 화학공학을 인문사회과학적 요소로 둘러 쌓아 훨씬 인간적인 화학공학을 연구 발전시켜 나갈 수 있도록 도움을 주신 한양대학교 기초융합교육원 오준영 교수님께 고마움을 표합니다.

본 공학철학 서적이 국가. 사회, 그리고 인류에 새로운 빛으로 조명될 수 있고 공헌할 수 있도록 출판의 기회를 주신 도서출판 아진의 김근배 사장님께 고마움을 느끼며, 아울러 편집부 담당직원님들의 열정 어린 편집과 교정이 아름다운 책자로 가꾸어 질 수 있게 해 준 데에 깊은 감사를 드립니다.

참고문헌

1. 김영호 저(2015) 한양대학교 공학대학원 화학플랜트 설계특론 교과목 강의집
2. 김영호 저(2015) POSTECH포항공과대학교 엔지니어링 대학원 및 한양대학교 공학대학원 교재, 화학공장의 응용설계와 건설(제3판, 2015), 도서출판 아진
3. 김영호 저(2004) 화학공장의 건설과 관리(제4판, 2004), 도서출판 아진
4. 김영호 저(2015) 우리들의 비전과 TARGET을 어떻게 정복할 것인가? (초판, 2015), 신광문화사
5. 김영호 저(2012) KAIST 행복론 교과목 강의 집, Vol. I~Vol. IV
6. 김영호 저(2012) KAIST 공학철학 교과목 강의집, Vol. I~Vol. IV
7. 김영호 저(2013) POSTECH 포항공과대학교, 엔지니어링 대학원, 화학장치설계 교과목 강의집, Vol. I~III
8. 김영호 저(2013) POSTECH 포항공과대학교, 엔지니어링 대학원, 화학공정공학 교과목 강의집, Vol. I~II
9. 김영호 저(2000) Taiwan, R.O.C. Formosa Group, NanYa Chem. Corp. Consulting Report Books, Vol. I~V
10. 김영호 저(2002) India, OSWAL Chemicals & Fertilizers Ltd. Consulting Report File
11. 김영호 저(2004) India, GNVFC Fertilizers Co., Ltd. PSRME Consulting Report File
12. 김영호 저(2010) 논문: 대단위 화학공장에서 공정안전의 총체적 관리를 위하여 무엇을 어떻게 새롭게 응용할 것인가? 2010 Mary Kay O' Conner Process Safety Center International Symposium, Texas A & M University, Texas, U.S.A.
13. 김영호 저(2001) 논문: 대단위 종합화학공장의 총괄적 관리에 대한 철학적 의사 결정, 제6차 세계화학공학회 논문발표, 멜보른, 호주
14. 김영호 저(2013) 논문: 지진과 쓰나미에 대비한 총체적 화학공정시스템의 보호를 위한 새로운 개념연구, 제9차 세계화학공학회 논문발표, 서울, 대한민국
15. 김영호 저(2002) 논문: 대단위 화학공장에서의 총괄적 관리를 위해 무엇을 어떻게 실행할 것인가? 제15차 국제화학공정공학회 논문발표, 프라하, 체코
16. 김영호 저(2012) 논문: 대단위 화학공장을 위한 새로운 개념의 지진에 대비한 응용설계와 핵심관리, 국제학술지(GPEM) World Academic Publishing 출판
17. 김영호 저(2012) 논문: 자기주도적 학습과 연계한 멘토링모형 개발연구, 2012 한국과학교육학회 제 61차 동계학술대회 논문발표, 국립 과천과학관, 대한민국
18. 김영호 저(2014) 논문: 화학공장과 화학공정산업에서 발생할 가능성이 있는 Process Troubles과 사고에 대비한 응용연구, 한국화학공학회 2014 춘계 심포지움
19. 김영호 저(2010) 논문: 대단위 화학공장에 있어서 지진에 대비한 새로운 개념 위에 응용설계와

핵심관리, 한국화학공학회 2010 춘계 심포지움
20. 김영호 저(2011) 논문: 일본 후쿠시마 원전폭발과 연관된 human error 분석과 긴급조치, 한국화학공학회 2011 추계 심포지움
21. 김영호 저(2005) 논문: 화학공장을 위한 새로운 개념의 공정응용설계, 한국화학 공학회 2005 추계 심포지움
22. 김영호 저(2013) 논문: 대한민국의 대단위 화학공장에서의 최근사고와 관련된 근본원인 분석과 문제점 해결, 한국화학공학회 2013 춘계심포지움
23. 김영호 저(2007) 논문: 대단위 화학공장에서의 자연재해와 지진에 대비한 응용 설계와 관리, 한국화학공학회 2007 추계 심포지움
24. 김영호 저(2012) 논문: 지진과 쓰나미에 대비한 화학공학의 화학공정시스템에 대한 보완연구, 한국화학공학회 2012 추계심포지움
25. 김영호 저(2012) 논문: 한국과학교육학회제61차 동계학술대회 발표, 자기주도적 학습과 연계한 멘토링 모형 개발연구
26. 김영호 저(2012) 주제: 자기주도적 학습에 따른 창의성개발과 부모의 역할, 국립과천과학관 특강 자료집
27. 김영호 저(2012) 주제: 자녀를 Global Leader로 키우기 위한 부모의 역할, 국립과천과학관 특강 자료집
28. 김영호 저(2013) 성서중학교 전교생 대상 특강, 주제: 자기주도적/과정중심적 학습과 창의성개발, 용인 수지, 성서중학교
29. 김영호 저(2010): 과학교육 특강자료 모음집(Vol. 1), 국립서울과학관
30. 김영호 저(2011) 주제: 자유탐구와 연계한 Mentoring의 진보적 향상방법, 한국 과학기술정보연구원(KISTI), Autumn Workshop-2011
31. 김영호 저(2011): 2011년도 에너지 Mentoring 종합보고서, 국립과천과학관 과학교육과 파견, 한국과학기술정보연구원(KISTI)
32. 김영호 칼럼 글(2011): 조선일보, 지진이 몰고 올 '화학적 천재지변' 에 대비해야
33. 김영호 칼럼 글(2010): 한국경제, 과학기술 글로벌 리더의 조건
34. 김영호 글(1983): 가이드포스트(1983,제18권 제12호):폭발사고에서 얻은 지혜
35. 루이스 L. 부치아렐리 저(2015): 정영기 옮김, "공학철학", 도서출판 서광사
36. S.M.오너, T.C.헌트 저(1992): 곽신환, 윤찬원 옮김, "철학에의 초대", 서광사
37. 강영계 저(1997): "철학의 이해", 박영사
38. 새무얼 C. 플러먼 저(2007): 문은실 옮김, "교양있는 엔지니어", 생각의 나무
39. 에이나 외버렝겟 저(2009)/손화수 옮김, "행복은 철학이다", 꽃삽
40. 버트런트 러셀 저(2011)/이순희 옮김, "행복의 정복", ㈜사회평론

41. 데일 카네기 저(2011)/최염순 옮김, “카네기 행복론”, ㈜씨앗을 뿌리는 사람
42. 필립 체스터필드 저/서범석 옮김, “소중한 내아들아”, 플러스마인드
43. Charles E. Harris, Jr. 저(2006)/김유신 외 옮김, “공학윤리(Engineering Ethics)”, (주) 도서출판 북스힐
44. 차재호 외 공저(2003)/에너지총설(상), 한국에너지정보센터

색 인

C

D

E

F

G

H

I

N

O

P

Q

R

S

T

U

V

W

Y

Z

ㄱ

ㄴ

ㄷ

ㄹ

ㅁ

ㅂ

ㅅ

ㅇ

ㅈ

저자 약력

저자, 김영호

현재: •Y.H.KIM Eng. & Mfg. International Consultant, Representative

•한국과학기술정보연구원 (KISTI), 전문연구위원

학력: •한양대학교 공학대학원 화학공학과 공학석사

•한양대학교 공과대학 화학공학과 공학사

전공: 화학공학: •공정시스템 Eng. •화학공장응용설계 •화학장치설계

•화학공정공학 •공정안전 •공장안전

저서: 대학/대학원 교재:

•화학공장의 응용설계와 건설 (2015, 제3판), 도서출판 아진

•화학공장의 건설과 관리 (2016, 제5판) 도서출판 아진

•우리들의 비전과 TARGET을 어떻게 정복할 것인가? (2015, 초판) 신광문화사

•공학철학 (Engineering Philosophy) (2016, 초판), 도서출판 아진

경력: •한양대학교 공학대학원, 화학플랜트 설계특론 (Special Topics on Design of Chemical Plants) 교과목 교육전담

•KAIST 인문사회과학과 대우교수, 공학철학, 행복론 교과목 교육전담

•POSTECH, 포항공과대학교 Engineering 대학원, 화학장치설계(Design of Chem. Equipment), 화학공정공학 (Chemical Process Engineering) 교과목 교육전담

•전남대학교 공과대학 화학공학과 객원교수

•한국과학기술정보연구원(KISTI) 전문연구위원

•DuPont (Korea) Inc. Independent Consultant

•대만 Formosa Group, NanYa Chemical Corp. Senior Consultant

•대만 Formosa Group, NanYa Chemical Corp. PSRME Consulting

•인도 GNVFC Fertilizers Co., Ltd. PSRME Consulting

•인도 OSWAL Chemical & Fertilizers Corp. Senior Consultant

•한. 미 합작 남해화학㈜(제7비료공장): 미국 Flour, DPG, Chemico, Agrico사에서 교육이수

•한. 미 합작 진해화학㈜(제4비료공장) 장학생 선발 입사

•대학/연구소 특강 및 컨설팅: 서울대, KAIST, 포항공대, 연세대, 고려대, 한양대, 서강대, 전남대, 인하대, 부산대, 동국대, 포스코패밀리, 울산정밀화학센터, 한국가스공사 연구개발원, POSCO Engineering 연구센터 등

•기업체 안전교육: LG화학 기술연구원, 대우조선, 삼성중공업, POSCO 광양제철, Lotte 대산유화, 한화석유화학, 풍산금속 등

수상: •미국 마르퀴즈 세계인명사전 (Marquis Who's Who In the World, 2011 Year, 28th Ed.) (2011 제28 판)에 등재

•영국 IBC 국제인명센터(International Biographical Centre, Cambridge, England), Top 100 Engineers-2011에 등재

•대만 Formosa Group, NanYa Chemical Corp. "Honored Service Award" 수상

•대한민국 사단법인 한국화학공학회(KIChE) 기술상 수상

논문발표:

•제6차 화학공학 세계학회(6th World Congress of Chemical Engineering), 화학공정교육부문

•제9차 화학공학 세계학회(9th World Congress of Chemical Engineering), 화학공정교육부문

•GPEM (The Global Perspectives on Engineering Management) World Academic Publishing

•미국 MKOPSC (Mary Kay O'Connor Process Safety Center) 국제학회, 화학공정안전부문

•SICE-ICASE 2006 International Conference 국제학회, 화학공정안전부문

•3rd PSE Asia 2005 International Symposium 국제학회, 화학공정안전부문

•CHISA 15th Int. Congress of Chemical and Process Engineering 국제학회, 화학공정안전부문

•한국화학공학회(KIChE) Process System Engineering 부문 등에 총 43편

삶의 좌우명: •진인사대천명(盡 人 事 待 天 命, Do your best and leave the rest to God.)

•오늘은 내일의 원천이다.

E-mail: yhkim1116@hotmail.com

Blog: http://blog.daum.net/greenishk

공학철학

Engineering Philosophy

A-JIN

지은이와 협의 인지 생략

인　　쇄 : 2016년 11월 15일
발　　행 : 2016년 11월 20일
저　　자 : 김영호
발 행 처 : 도서출판 아진
16006
경기도 의왕시 이미로 40 (포일동 653)
인덕원 IT밸리 A동 1019호
TEL:02-737-0663 FAX:02-737-0664
Homepage:ajin.to　E-mail:kgb@ajin.to
발 행 인 : 김 근 배
등록번호 : 제330-1995-56호
I S B N : 978-89-5761-496-9　93500

가격 20,000원